小牛顿科学与人文

将科学的触角伸入更多领域，让科学更生动更有趣

盘古真的开辟了天地吗？

成语中的宇宙探险

小牛顿科学教育有限公司 / 编著

中国出版集团 现代出版社

小牛顿科学与人文

来自海峡两岸极具影响力的原创科普读物“小牛顿”系列曾荣获台湾地区 26 个出版奖项，三度荣获金鼎奖。“科学与人文”系列将“科学”与“人文”相结合，将科学的触角伸入更多领域，使科学更生动、多元、发散。全系列共 12 册，涉及植物、动物、宇宙、物理、化学、地理、人体等七大领域。用 180 个主题、360 个科学知识点来讲解，并配以 47 个有趣的科学视频进行拓展，扫描二维码即可快捷观看，利用多媒体延伸阅读。本系列经由植物学、动物学、天文学、地质学、物理学、医学等领域的科学家和科普作家审读，并由多位教育专家、阅读推广人推荐，具有权威性。

科学专家顾问团队（按姓氏音序排列）

崔克西 新世纪医疗、嫣然天使儿童医院儿科主诊医师

舒庆艳 中国科学院植物研究所副研究员、硕士生导师

王俊杰 中国科学院国家天文台项目首席科学家、研究员、博士生导师

吴宝俊 中国科学院大学工程师、科普作家

杨　蔚 中国科学院地质与地球物理研究所研究员、中国科学院青年创新促进会副理事长

张小蜂 中国科学院动物研究所研究助理、科普作家、“蜂言蜂语”科普公众号创始人

教育专家顾问团队（按姓氏音序排列）

胡继军 沈阳市第二十中学校长

刘更臣 北京市第六十五中学数学特级教师

闫佳伟 东北师大附中明珠校区德育副校长

杨　珍 北京市何易思学堂园长、阅读推广人

编者的话

中国源远流长的五千年文明，浓缩发展出了充满智慧的成语。

成语除了比喻意义，其中所描写的现象，是否能用科学概念来解释呢？在这些成语背后，其实有与其息息相关的科学知识，本系列将之分为宇宙、动物、植物、物理、化学、地球奥秘、人体医学等多个领域。本书以深入浅出的文字，搭配精细的图解，来说明所蕴含的科学原理，让孩子在阅读成语故事时，也能学习科学知识。

“玉兔东升”“急如星火”“开天辟地”……这些成语里的“玉兔”“星火”“天地”等，在天文中又代表了什么呢？为什么会“日月无光”？为什么会“银河倒泻”？为什么要用“动如参商”来形容两个人不合呢？本书根据成语背后的传说、意义及用法，编写出生动有趣的小故事，这些介绍宇宙生成、各种天体及太空科技的科学知识，都在本书中有所解答。

快来一起看看这本兼具趣味性、知识性与思考性的书吧，让孩子对成语有更深刻的了解与体会！

目录

开天辟地

用来：原来是指天地的开创形成，现在用来比喻新局面的展现。

在最远古的时代里，“世界”还未形成。整个空荡荡的空间中，有的只是一片漆黑，和一颗——蛋。

这颗蛋是蕴育着世上第一个生命的蛋，它非常大，里面所蕴育的生命，后来被人称为“盘古”。

就在这颗蛋蕴育了 18000 年之后，它终于裂开了，这个世上第一个生命——盘古就诞生了。盘古一生出来就相当大，他“砰”的一声打破了蛋壳，他扭扭头，转转身体，伸伸懒腰，想要活动一下筋骨。而当他伸懒腰的时候，就把眼前的这片漆黑一分为二，他将一半的漆黑往上举变成天，一半的漆黑踩在脚下变成地。盘古用身体撑在天地之间，每天盘古生长一丈，天地就远离一丈。

后来，盘古渐渐觉得这个空无一物的世界很是无趣。接着，他就倒向了地面，将他的四肢变成了地表上的山岳，血液变成了河流，双眼挂到了天上，成了太阳和月亮，创造了我们现在居住的美丽世界。

地球是如何形成的

大约在46亿年前，太阳系还是一个充满宇宙尘埃的星云团，它的中心就是最初的太阳。后来，由于万有引力的关系，太阳开始带着这些尘埃旋绕了起来，形成一个最原始的“太阳星云盘”。在这个盘中的尘埃开始运转、碰撞。固体微粒开始吸附气体微粒，并形成较大的团块。而团块又不停地壮大起来，最后形成几个原始行星的胚胎，其中一个就是地球。

随着地球体积不断增大，内部的温度升高，内部的固体物质开始熔化成熔融状态，再加上地球的转动，使重的物质沉到了地球的深处，而轻的物质则留在地球的表层，这样就形成了地核、地幔和地壳等层状结构，称为地球的“内部层圈”。

同时，地球将太阳星云中的部分气体吸引在自己的周围，经过漫长的时间发展，就形成了水圈、大气圈和生物圈，组成了地球的“外部层圈”。后来，随着火山、地震等剧烈的地壳运动，再加上潮汐涨落、水流蚀刻等变化，地球才逐渐变成了今天的样子。

地球形成的过程，就像滚雪球一样，把周围的星尘不断吸引过来，越滚越大。

什么是宇宙，它又是怎么来的

宇宙是由“宇”和“宙”两个字组合而成的，“宇”指的是包含一切空间内的所有事物；“宙”指的是包含一切时间内的所有事件。简单来说，宇宙就是包含了过去到未来这个时间内的所有物质。

不过，上面的定义过于抽象，对于一般人来说，“宇宙”指的就是整个外太空，而且还包含了古往今来，甚至通到了未来的整个时间。

关于这个巨大空间及时间的来源，在科学上还没有定论，不过，目前获得大多数科学家赞同的是宇宙大爆炸学说，简称“大爆炸”。大爆炸学说的内容大约如下。

大约在138亿年前，还没有现今所看到的宇宙。那时候的宇宙只是一个小点，但由于它包含了非常多的物质，所以它的密度和温度都趋于无限大。就在这个小点不停地被压缩成更小的点的时候，它突然发生了大反弹，产生了大爆炸。

在这次大爆炸中，宇宙开始极剧膨胀，它向四面八方延伸。在最开始的几

宇宙浩瀚无边，完全超过我们现代科技所能观测的范围。

分钟里，由于温度高达数百亿摄氏度，因此只有质子、电子、光子、中子等这些基本粒子可以存在。而大约在3分钟后，温度降至约10亿摄氏度，此时质子、中子等开始结合成氢、氦之类的轻原子核。随着时间推移，宇宙持续膨胀与冷却，至数十万年后温度降到大约3000摄氏度时，氢原子核与电子组成中性氢原子，并逐渐由散布的状态开始凝聚，最后就形成了各式各样较大的物质。

大约138亿年前，宇宙中的一个小点发生大爆炸，于是宇宙诞生，并不断膨胀扩大。

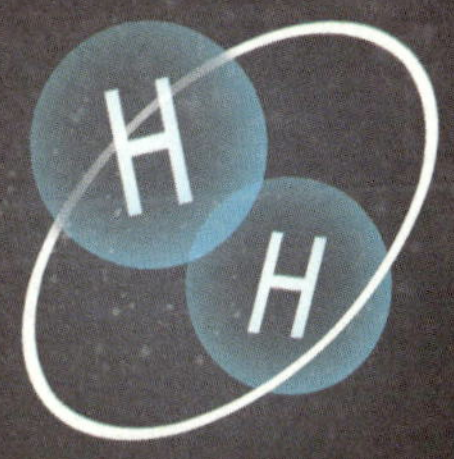

爆炸后3分钟，氢原子核产生了。

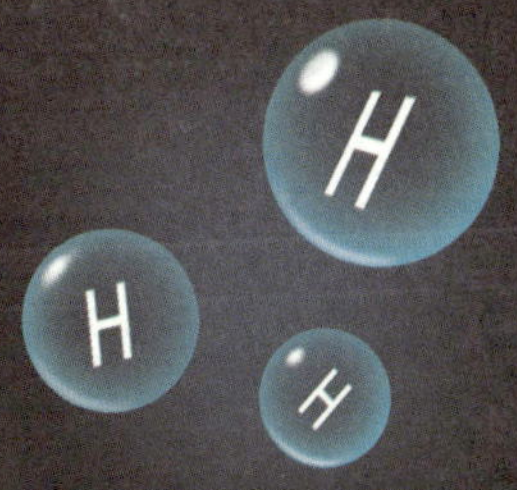

数十万年后，电子和氢原子核结合，形成中性氢原子。

大爆炸理论

大爆炸理论是用来解释宇宙生成的理论。它一开始从一个小点开始，接着出现了各式各样的原子，并且结合成宇宙中的星体。而随着大爆炸的力量，各个星体或星团不断向外扩张，而让宇宙越来越大。

成语故事

咫尺天涯

用法：比喻彼此虽然距离很近，但很难相见，就像在遥远的天边一样。

传说中，织女是天帝最漂亮的女儿，她不仅长得漂亮，还织了一手好衣裳，因此才有织女的称号。

一天，织女和其他仙女到天河里洗澡。这个天河是界分人间和仙境的边界，因此从人间走到最遥远的尽头，也可以到这条天河。

就在仙女洗澡时，突然有一个人偷走了其中一个仙女的衣裳，吓得其他仙女赶紧穿好衣裳逃走了。而那个人偷走的衣裳不是别人的，正是织女的。

这个人叫牛郎，他跟织女说："如果你肯嫁给我，我就把衣裳还给你。"织女在百般无奈下，只好嫁给了牛郎。婚后，两个人非常恩爱，还生下了一对可爱的子女。

天帝知道了织女和人类私通非常生气，就下令把织女抓了回来，只留下牛郎和两个孩子在人间。

失去了织女的牛郎非常伤心，常常背着两个孩子到天河旁边找织女。不过，虽然两人隔着天河对望，却怎么也越不过河，无法碰触到对方。最后，天帝念在两人的感情深厚，才同意在每年七夕时，让他们见一次面。

月球离我们有多远

我们从地球上看到的月球，小小的就像一个圆盘那么大。我们都知道，距离越近，看到的物体就越大；距离越远，看到的物体就越小。所以，月球在我们的眼中会这么小，是因为月球离我们太远了。

阿波罗 11 号发射升空的画面。它是人类第一架登陆月球的航天飞机。

在整个太空中，月球是离地球最近的一个星球。由于月球环绕着地球运转的轨迹是椭圆形，所以它有时候离地球比较近，有时候离地球比较远。以最远和最近的距离平均算出，月球到地球的平均距离是 38.4401 万公里。

以民航飞机时速是 800～900 公里来算，如果我们可以用民航飞机飞向月球的话，最少也要花 427 个小时，将近 18 天的时间。如果以当年阿姆斯特朗乘坐的阿波罗 11 号来看，虽然航天飞机的速度极快，他们也飞了将近 4 天的时间。

月球是离地球最近的星体，不过，以目前的航空航天科学技术来说，要到月球至少也得花 2～3 天的时间。

哪一个宇宙探测器飞得最远

自从1957年10月4日，苏联改装了P-7洲际导弹，将第一颗人造卫星送入地球轨道后，人类对宇宙的探索就一直没有停止过。各国争相向宇宙发射各式探测器及人造卫星，那么，到目前为止，哪一个探测器是飞得最远的呢？

旅行者1号是美国国家航空航天局（NASA）研制的无人外太阳系空间探测器。

这个问题的答案是——旅行者1号。

旅行者1号在1977年9月5日于佛罗里达州的卡纳维拉尔角升空，搭载它的是泰坦三号E半人马座火箭。

按照现在的标准来看，旅行者1号的电子系统算是老古董了。它的主计算机的运作速度只有0.108MHz，主记忆体只有68kb，别说是现代的电脑了，现在随便一台手机的效能都比它好。不过，旅行者1号就是带着这样的设备，默默地在宇宙中运作了40年，直到今天，它还依然在工作着。目前，旅行者1号已经飞过了整个太阳系，现在位于太阳系磁力线的边界，其间，它还传回了无数珍贵的资料和照片。

木星大气层（伪彩色）

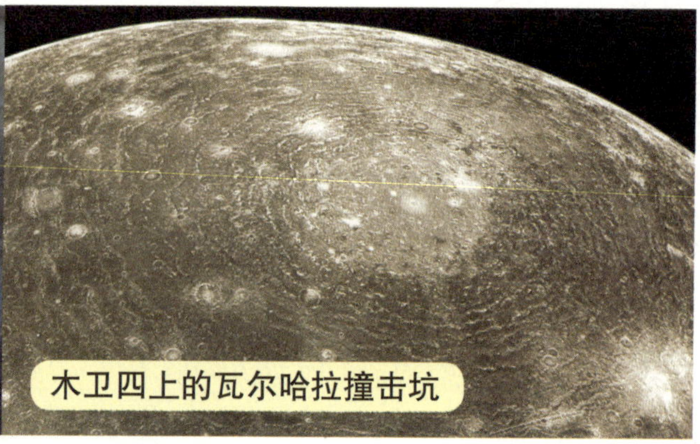
木卫四上的瓦尔哈拉撞击坑

旅行者1号拜访木星传回的照片。

旅行者1号本身的加速设备并不特别突出，不过，它配备了当时最先进的“引力加速技术”，让它可以飞得又快又远。一般的宇宙探测器大多是利用本身的燃料将自己往前推送，旅行者1号却是利用各个星球的引力，将自己往前推进。旅行者1号之所以可以利用这些星球的引力，是因为它碰上了176年才发生一次的行星几何排列，让它可以借助木星和土星这两颗大行星的引力，将自己“抛”出去。

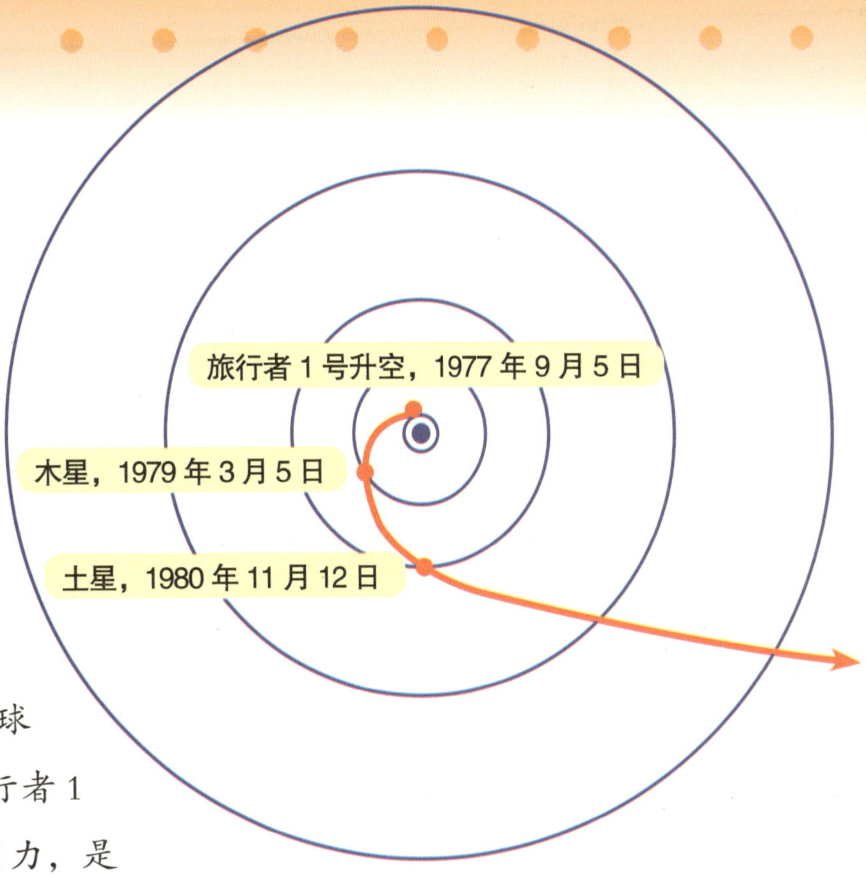

旅行者1号利用木星和土星的引力加速度飞离太阳系。

虽然旅行者1号在2003年就已经到达了太阳磁场的边缘，也就是太阳磁场影响力逐渐减弱的区域，但是它耗时10年才“疑似”离开了太阳系。科学家推测旅行者1号上的电力将在2025年完全用完，到时候我们将无法再联络它了。

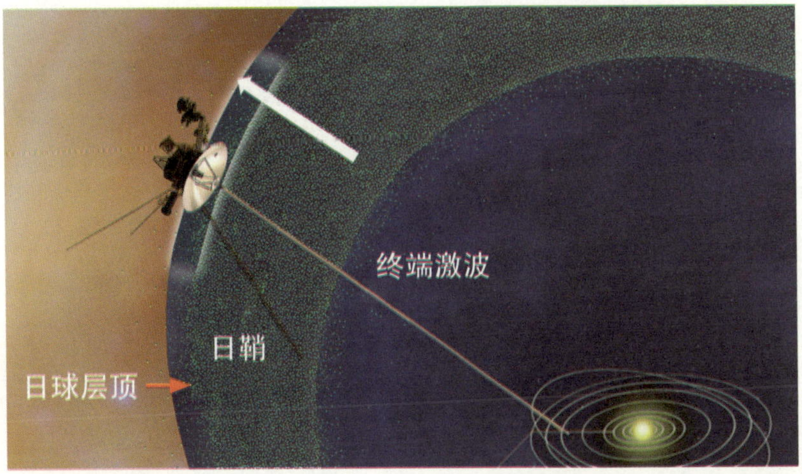

耗时10年，在2013年旅行者1号到达太阳磁场的最边缘，“疑似”离开了太阳系。

成语故事

天旋地转

用法：用来比喻形势发生重大变化。

古代有一个国家叫人人国，它的执政者叫作江表。虽然江表没什么能力，只是放任人人国自行运作，但好在人人国几十年来风调雨顺，百姓的生活倒也还过得去。

不过，就在这几年间，南国和北国的军队都来侵袭人人国，干旱及洪水也让人人国的百姓苦不堪言，进而发生了民变，眼见着人人国就要瓦解了。

大臣们急得如热锅上的蚂蚁，希望执政者江表可以想想办法。江表不但不处理这些问题，还对大臣们咆哮说：“我执政了几十年，什么大风大浪没见过，以不变应万变才是人生的真理啊！”

结果，就在几个月后，农民、工人和南、北国的士兵都杀进了人人国的都城，俘虏了江表。被绑后的江表喃喃自语地说：“怎么会这样，以前都不会发生这些事啊！”

南国的将军对江表说：“这就是你不管事的下场。现在天下的局势已经完全不同了。”

江表说：“啊！这个世界真是天旋地转，变化真大啊！”

到底是“天旋”，还是“地转”呢

古老的人们看到太阳东升西落，很自然地认为太阳是绕着地球转的。在公元 2 世纪左右，古罗马学者托勒密还提出了完整的“地心说”，他认为地球是宇宙的中心，而太阳和天上的星星都是绕着地球转的。

不过，随着观测技术的进步，人们对于天体的了解也越来越多，开始有人提出地球绕着太阳转的想法。公元 1540 年，波兰的天文学家哥白尼提出了“日心说”，他认为太阳才是宇宙的中心，地球一面自转，一面绕着太阳公转，哥白尼的日心说合理地解释了天体运行的现象。

虽然哥白尼的想法有点瑕疵，那就是——太阳并非宇宙的中心，不过，单单就太阳系来说，太阳是太阳系的中心，而地球和其他行星的确是绕着太阳转的。然而，因为地球自身转动，所以我们看到的天空就像在旋转一样。

不过，地球为什么会绕着太阳转呢？这个问题的答案，直到 17 世纪牛顿提出了“万有引力”才有解答。牛顿认为任何有质量的物体都会产生引力，当物体的质量越大，这种引力就会越强，太阳就是靠着这个引力将地球吸住的。而地球会绕着太阳转而产生一股向外的离心力，因为这两股力量相互平衡，就使得地球得以周而复始地绕着太阳转啦！

科学教室

地球绕太阳转的公转轨道

仔细看这张太阳系部分行星的运转图，中间黄色的球体是太阳。事实上，太阳系里的天体绕着太阳的轨迹并不是正圆形，而是偏至一边的椭圆形，越往外面越明显。

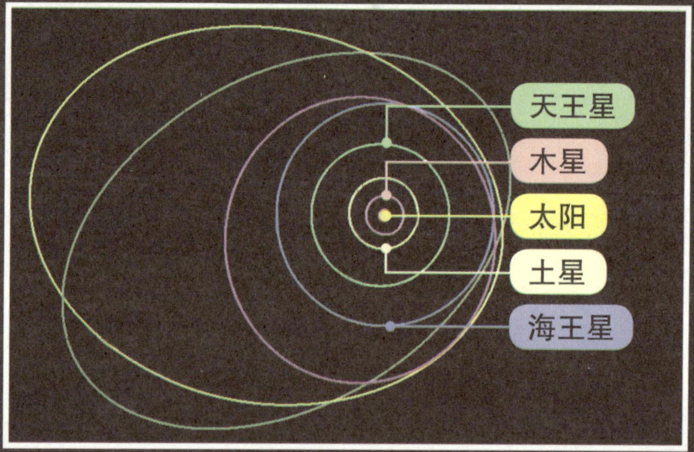

太阳系星体的椭圆形轨道（地球太靠内圈，此图中没标示）。

在天体运动中，某颗星球A自行绕着自己的轴心旋转叫作“自转”，如地球本身会旋转，就称为“地球自转”；某颗星球A绕着另一颗星球B旋转，就称为“公转”，如地球绕着太阳转，月球绕着地球转。

我们刚提到地球公转是因为引力和离心力的关系，那么为什么地球公转的轨迹不是圆形的呢？根据实际的天体观测显示，地球绕着太阳转的轨迹是椭圆形的。（事实上，大部分天体的公转轨迹都是椭圆形的。）

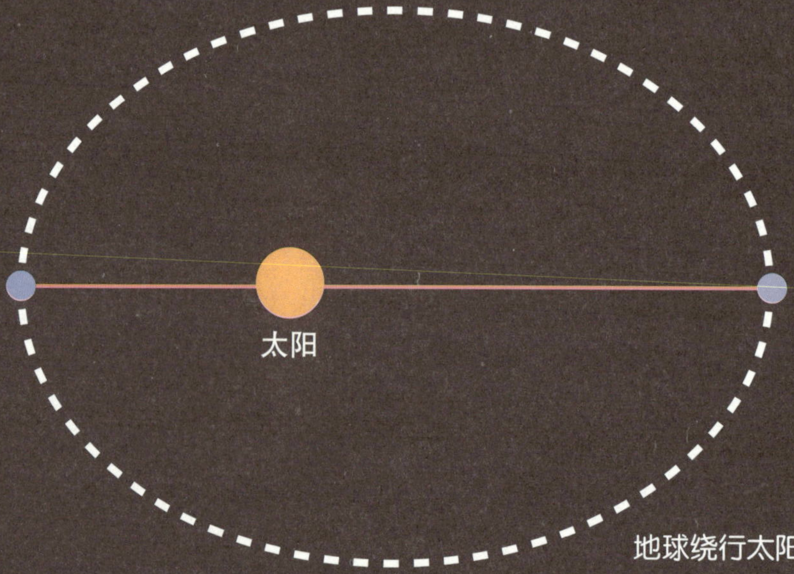

地球绕行太阳的椭圆形轨道。

由于地球绕着太阳旋转的轨道是椭圆形的，所以有最接近太阳和最远离太阳的时刻。地球在每年的 1 月 3 日离太阳最近，称为“近日点”，而在每年的 7 月 4 日离太阳最远，称为“远日点”。这两天地球离太阳的距离相差约 500 公里，大约是地球和太阳平均距离的 0.0003%。

地球绕着太阳转形成椭圆形轨道的原因，一般认为是太阳系在刚形成时，这些刚形成的小行星，如地球胚胎、火星胚胎，还会不断受到其他散布的小行星撞击，而这些撞击会造成行星抖动而脱离了原来圆形的轨迹。到了最后，平衡后就形成椭圆形的轨迹了。这个关于行星轨迹的推论就是“行星徙动理论”。

为什么地球会自转？

我们每天看到太阳从东边升起，西边落下，这是由于地球自西向东自转所致。你有没有想过，为什么我们的地球会自转呢？

地球自转是因为太阳系在刚形成时，太阳系原始星团是一个立体团状的结构。由于太阳引力的带动，让整个星团旋转了起来，而旋转起来的星团最后会倾向于变成一个扁平状的结构来旋转。而就是在这个变扁平的过程中，会产生一股向扁平方向压缩的力量，让行星们旋转起来。

最后，又由于惯性作用，再加上地球在太空中自转几乎没有什么摩擦力，所以它就这样一直转、一直转，转到了今天喽！

地球以南北极为旋转轴，一天一圈地旋转运动，称为自转。

成语故事

急如星火

用法：形容事情非常紧急，时机一闪即逝，片刻也不能耽误。

三国末期，有位蜀汉的名臣，叫作李密。他当官时刚正不阿、才思敏捷，深受蜀汉皇帝及其他国家文臣的赞许。

后来司马炎相继灭了蜀汉和东吴，建立了晋朝，就希望李密能够入朝任职，而李密却说祖母已达九十六岁高寿，正值风烛残年需要照料，因此坚决不愿意出任晋朝的官职。从小由祖母单独抚养长大的李密，非常孝顺，此番说明合情合理，只是，求才若渴的晋武帝仍是天天派人来征召他当官。

官员们推选了许多官职让他来担任，但李密依旧不接受，气得晋武帝也指责他傲慢。

李密得知了晋武帝的指责后，立即上书了有名的《陈情表》。他说："州县的官员天天来催我上任，急迫得就像天上流星那般快速、刻不容缓。我当立即动身效命，但祖母年迈病危，我真的很想陪伴、照顾她，我的处境实在是非常两难，盼陛下体谅。"

晋武帝看了《陈情表》后非常感动，不再催促李密，还给了他金钱，让他侍奉祖母。

流星是星星吗

“看！有流星！赶快许个愿。”

有人说看到流星赶紧许个愿，愿望就能够实现。先不管这个愿望能不能实现，我们最想问的是：究竟流星是从哪儿来的？它跟天上的星星一样吗？

我们在天空中看到的星星，多数是会自己发光的恒星。这些恒星有的跟太阳差不多大，有的比太阳还要大好几万倍。如果流星真的是这些星星掉下来了，那么，在它们还没碰到地球的时候，地球就已经被高温熔化了。还好，这些恒星都离地球很远，所以几乎不会撞到地球。

流星既然不是天上的星星坠落，那么它到底是什么呢？事实上，流星是被地球的引力吸引进来的“星际物质”。这些星际物质小的像微尘，大的像一座山，我们称之为“流星体”。

小石块飞近地球，被地心引力吸入大气层时，会摩擦燃烧。未被烧完的石块，最后便撞击到地球表面，成为陨石。

当这些大大小小的流星体到达地球表面之前，会先通过数千公里厚的地球大气层。大气层中，越接近地面分子越密，这些分子会与流星体产生剧烈摩擦，其摩擦温度往往可以达到几万摄氏度。

这样的高温会将流星体烧毁、气化，而整个流星体坠落及燃烧的过程，就是我们看到的“流星尾巴”。最后，当这些流星体落向地面，如果没有被完全燃烧殆尽，就称为“陨石”。

一辈子只能看到两次的哈雷彗星

彗星是由冰雪和尘埃组成的小星体，它们绕着恒星运转。它和小行星的差别在于包覆彗核（彗星中固体的部分）的大气层，不受任何引力作用而扩散着。也因为有这个特点，当彗星飞掠过恒星时，恒星的高温会使它的大气层及彗核熔化，并且升华成彗发和彗尾，也就是我们看到的彗星长长的尾巴。

哈雷彗星是最有名的一颗太阳系彗星。它是以英国天文学家哈雷的名字命名的，因为是他首次推算出哈雷彗星的回归周期（76 年）及轨道。哈雷彗星是唯一一颗从地球上可以用肉眼看到的短周期彗星，所以广为人知。

彗星的构造

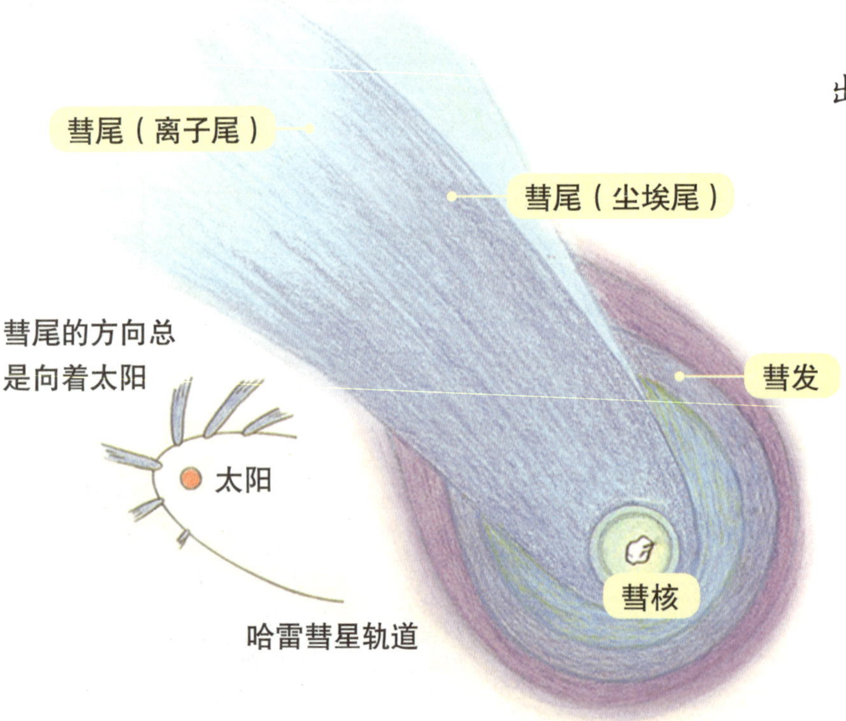

最早的哈雷彗星记录，是出现在中国公元前 240 年的《史记·秦始皇本纪》中。在漫漫的历史长河里，它造访过地球好几次。不过，由于它绕行的周期是 76 年，所以人类一辈子最多只能看到它两次，所以要好好把握机会。哈雷

哈雷彗星在1985年年底造访太阳系，它下次造访，就得等到76年后了。

彗星最近一次光临地球，是1985年年底接近太阳和1986年4月远离太阳，世界各国都用天文望远镜替哈雷彗星留下许多美丽的照片。

哈雷彗星的绕行轨道是一个超巨大的椭圆形，当它飞近太阳时，太阳辐射的高温会让它散落出彗发和彗尾。彗发的主要组成为冰晶和岩石物质，所以在太阳光的反射下就显得灿烂耀眼。此外，彗发物质在太阳辐射和太阳风的吹袭下，又会向背离太阳的方向流动，形成长发状的彗尾，因此中国古代又将哈雷彗星称为“扫把星”。

地球每年都会绕着太阳运转一圈，所以一年会有两次正好与彗星的轨迹重叠（分别在10月和5月）。由于哈雷彗星会不停散落出一些冰晶和岩石，所以在这两个时间点，会有大量的星际物质落入地球，因此形成了10月的猎户座流星雨和5月的水瓶座流星雨。

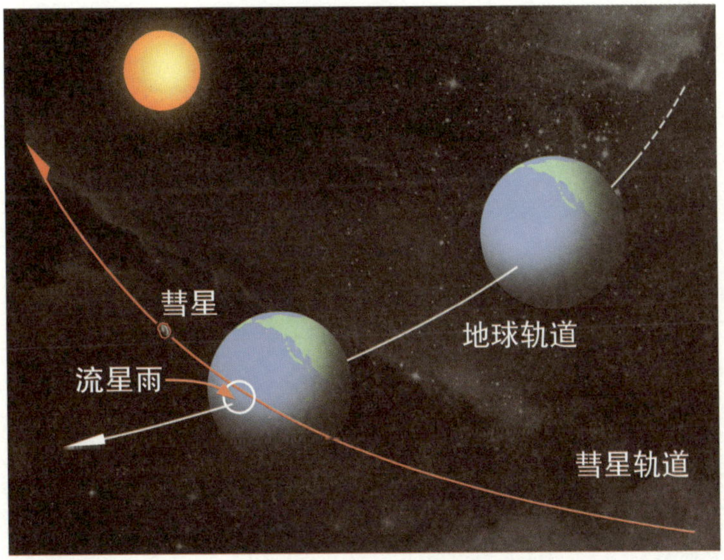

宇宙间的流星常是成群落下，这是因为地球刚好通过彗星行经的轨道，所以我们看到的流星就是彗星遗留下来的碎片。

成语故事

灿若繁星

用法：灿烂得就像天上众多的星星一样。比喻才能出众的人很多。

春秋时代，有个叫作宓子贱的人，他是孔子 72 名贤德弟子中的一位，很有才华。

有一段时间，鲁国国君派他去治理单父（今山东单县）。从外人的眼光来看，宓子贱走出公堂，每天都弹琴为乐，指挥手下官员去做事，但却在几年间就把单父治理得井井有条，令人无不啧啧称奇。

几年后，宓子贱离职，鲁国国君改派另一名叫巫马期的人来单父做官。巫马期是个勤奋的人，他每天很早出门，很晚回家，这样才把单父治理好。这不禁让他好奇地想问："为什么我每天工作得这么辛苦，而宓子贱却很轻松就能做得到呢？"

巫马期来到宓子贱的住所请教他，宓子贱笑着对巫马期说："你凡事都自己来，但事实上我国的人才众多，灿若繁星，如果可以善用这些人才，让他们去做事，一样可以把事情做好呢！"

寻找天空中最亮的星

晴朗的夜晚，在没有灯光干扰的情况下，我们能够看到满天的繁星。在众多的星星中，你知道哪一颗是最亮的吗？

事实上，由于星星与我们的距离各有不同，星星的亮度会随着距离越远而越暗淡。如在夏天南方的天空中，有一颗叫作“心宿二”的星星，非常巨大，它大到可以将整个太阳连同水星、金星、地球、火星原封不动地塞进去（包含这些行星的运行轨道哦！），而且它放出来的光芒是太阳的65000倍。不过，由于它离我们实在是太远了，所以看起来只是一个小小的亮点。

如果不考虑距离，以肉眼看到的星星明亮程度来比较“亮度”。古希腊的天文学家将发现的恒星依亮度高低划分为6个“视星等”，简称“星等”。这些星等中，一等星是最亮的，亮度约为六等星的100倍，照这个比例，每个星等间的亮度相差2.5倍。但这样还不能描述所有的星体，有的星星太亮了，天文学家便延伸出“负星等”。天空中最亮的星星为大犬座的天狼星，它的星等为−1.47。我们先前提到的心宿二，星等为1.06。

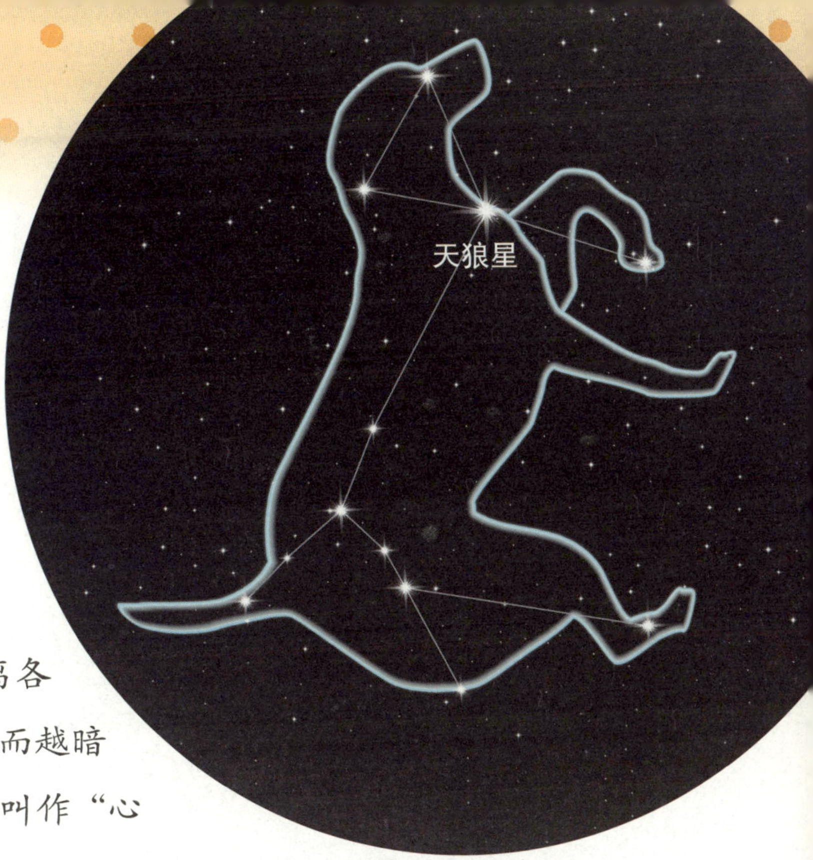

夜空中最亮的星星是位于大犬座中的天狼星。

常见星体的视星等

星体	视星等
太阳	−26.8
满月	−12.6
金星（最亮时）	−4.0
天狼星	−1.47
织女星	0.03
心宿二	1.06
北极星	2.02

科学教室

星星的一生

我们在天空中看到的绝大多数星星，都是一种称为“恒星”的星体，这种星体会自行发光。

恒星虽然名字中有个“恒”字，不过，它并非是永恒的，它和我们一样也

原恒星阶段：

即使是在接近真空的宇宙中，仍有极少量的气体存在，气体中有些特别浓密的部分称为“分子云”。而分子云当中的核心如果发展到一定程度之后，就会因为本身的重力而将周围的气体吸引进来，恒星宝宝（原恒星）就由此诞生。恒星宝宝和太阳这类的成年恒星不同，还不会有核聚变反应。

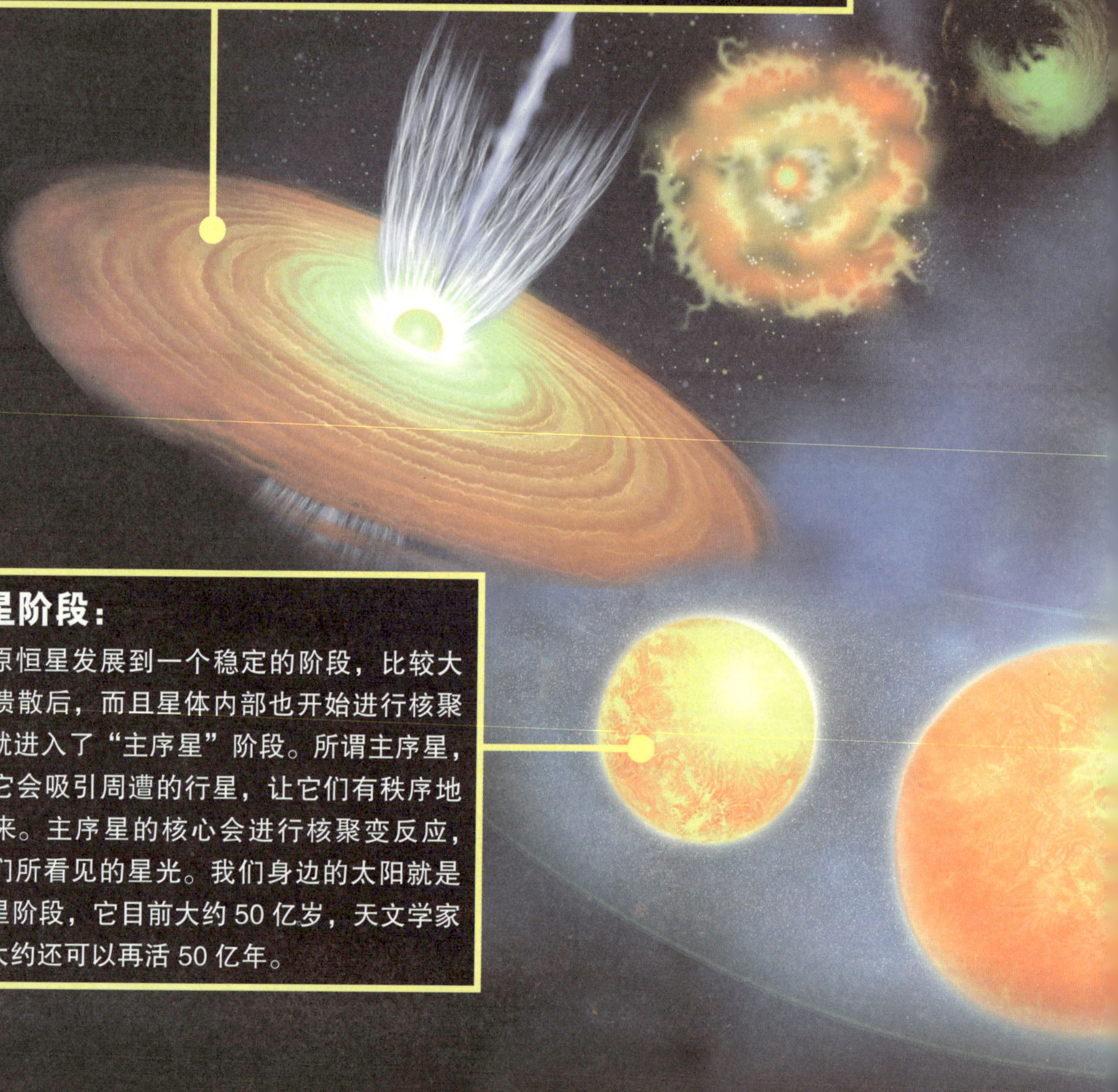

主序星阶段：

当原恒星发展到一个稳定的阶段，比较大或不再溃散后，而且星体内部也开始进行核聚变，它就进入了“主序星”阶段。所谓主序星，就是说它会吸引周遭的行星，让它们有秩序地排列起来。主序星的核心会进行核聚变反应，产生我们所看见的星光。我们身边的太阳就是在主序星阶段，它目前大约 50 亿岁，天文学家估计它大约还可以再活 50 亿年。

有生与死。我们下面就来看看星星是怎样诞生，以及它又是怎样灭亡的吧！

我们可以将恒星想象成一个超级巨大的核能电厂，它夜以继日地进行着核反应，并且散发出光和热来。

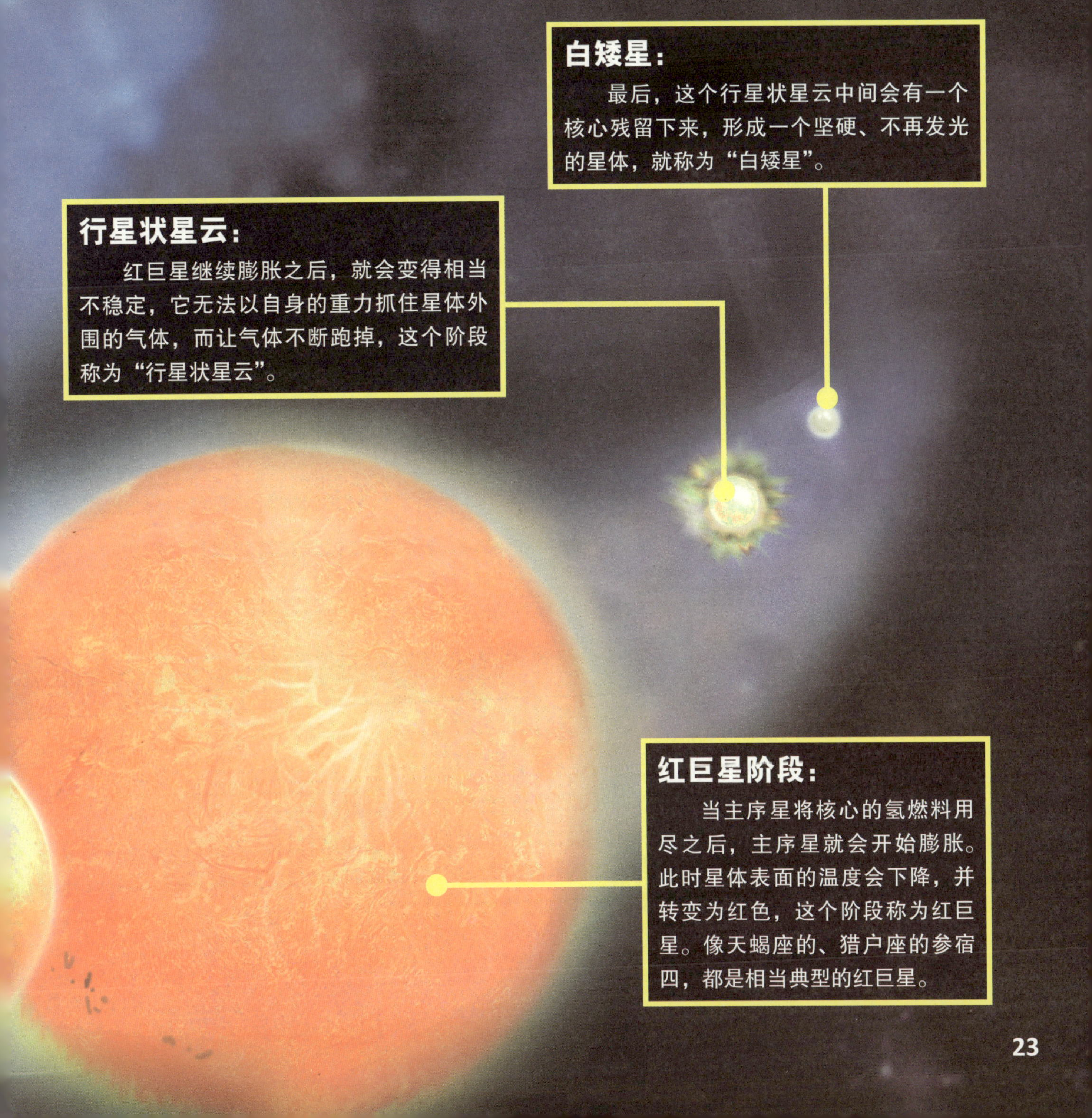

成语故事

天无二日

用法：用来比喻权力必须统于一尊。

在上古尧帝的时代，天空出现了10颗太阳。在10颗太阳无情的曝晒之下，大地荒芜一片。不要说农田长不出稻子来，连百姓喝的河水或井水，也已经被蒸发得将要见底。

心疼人民的尧帝向上苍祈求："天帝啊！救救苦难的大地吧！"天帝应允了尧帝的请求，派来了箭神——后羿下凡来解救苍生。百姓们振奋了精神，满怀期待。

后羿带着10支箭到了人间，他的目的就是要用这10支箭射下天上酷热的太阳。

"嗖！嗖！嗖！嗖！嗖……"随着弓箭飞驰的声音，后羿很快射下了9颗太阳。不过，当他正准备要射下第十颗太阳时，尧帝立即拉住后羿的手说：

"后羿，饶了它吧！我们还得留下一颗太阳让万物生长啊！"

后羿听了先是一愣，后来才恍然大悟说："谢谢你提醒了我，如果我把它射下了，大地就要变成一片黑暗了。"

地球太阳比一比

会自己发光的星体称为“恒星”，一般来说，恒星都非常巨大，而太阳是离我们最近的恒星。太阳到底有多大呢？如果我们要到太阳需要花多久的时间呢？

太阳是太阳系中最大的星体，它的直径是地球的 109 倍。

太阳是一团炽热的气体所构成的巨大球体，直径约为地球的 109 倍。如果我们将地球摆在太阳旁边，看起来就像一个巨大的球体和一个小点。此外，太阳的质量也大得夸张。它的质量是地球的 33 万倍，而如果我们将太阳系全部行星的质量加起来，太阳的质量也是这个总和的 745 倍。

太阳的内部是由气体原子组成，不像地球是由熔融金属和岩石组成。太阳的能量是由核心的这些气体原子产生，它们会不断地进行核聚变反应而产生高热，该处的热度高达 1500 万摄氏度，会将气体原子撕裂，只留下裸露的原子核。

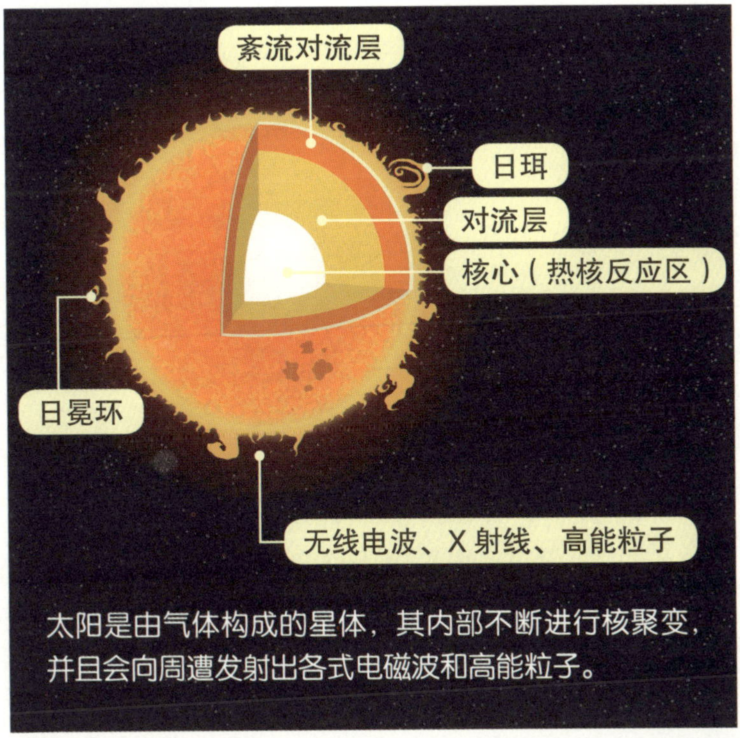

太阳是由气体构成的星体，其内部不断进行核聚变，并且会向周遭发射出各式电磁波和高能粒子。

太阳距离地球大约 1.5 亿公里，若以光的速度前进（每秒 30 万公里），要花 8 分多钟的时间才能到达。不过若以航天飞机 1 秒 7~8 公里的速度，大约得花 7 个月时间。

什么是太阳风暴

太阳是太阳系中唯一的恒星和会发光的天体，是太阳系的核心。地球作为太阳系中行星的一员，太阳的所有活动都对地球产生影响，而其中最严重的当数“太阳风暴”了。太阳风暴指的是太阳在进行核聚变时，能量突然增加，而让许多带电粒子喷发到宇宙中的过程。这个过程中喷发的带电粒子规模相当庞大，而喷发速度往往也达到每秒 200～800 公里，所以会对周遭的星球磁场产生巨大的影响。科学家把这一现象称为太阳“打喷嚏”。

太阳风暴最早是在 1850 年被发现的。当时英国的一名天文学家在观察太阳时，发现太阳表面上出现了一道小小的闪光，持续了 5 分钟。起初他认为这是一颗陨石掉落在太阳上。不过，在 1899 年，美国天文学家霍尔发明了一种“太阳摄谱仪”，能够用来观察太阳发出的特定波长的光线。因此，人们就能够用它来观测太阳上不同元素燃烧所产生出的光芒了。借由这项仪器的观察，人们知

道了太阳上的闪光和陨石毫不相干，而是炽热的氢发生的爆炸。

太阳风暴会造成磁场剧烈的变动，进而影响到地球的电力系统。太阳风暴发生时，地球上一切使用电力的设备都会被影响，严重的话甚至可能会发生电线走火。

太阳风暴会对地球的磁场产生严重的影响。在太阳风暴发生下，卫星导航系统将无法作用，空中交通也会大乱，人类依赖的电子产品，如手机、电脑也可能会发生故障，严重的话甚至会让国家的医疗、治安、急救系统完全瘫患。公元1859年就曾发生过一次严重的太阳风暴灾难，称为“1859年太阳风暴事件”。虽然当时还没有太多的电器产品，不过，当时太阳风暴让全球各地都看见了极光。值得一提的是，这些极光闪亮到连在美国落基山南端都看得非常清楚，甚至惊醒了当地金矿的矿工，以为是早晨来临，开始准备早餐。此外，当时越洋联系欧洲和北美洲的电报系统也完全失效，电报塔架发出火花，电报机也都自发性地着火了。

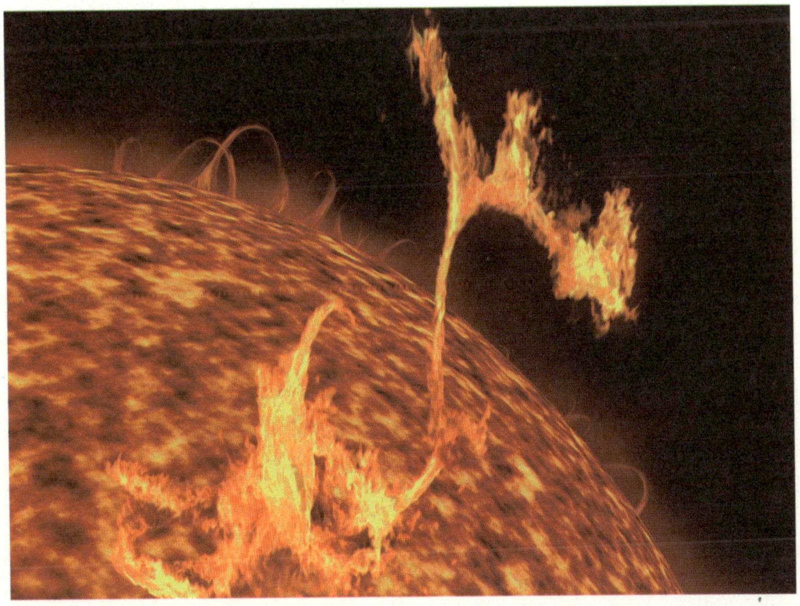

虽然太阳风暴非常可怕，但好在它是有周期性的。它大约11年会发生一次，这也让我们可以在这个时候好好地防范它。

太阳耀斑是在太阳盘面或边缘观测到的突发的闪光现象，它能放出巨大的能量，因此会影响到周遭星球的磁场。

成语故事

蜀犬吠日

用法：比喻少见多怪。

蜀地也就是现在的四川，那里非常容易下雨，就算没有下雨，天空也阴沉沉的，看不到太阳。

有一只小黄狗叫作阿黄，它跟着它的主人到蜀地做生意。

这天，阿黄在街上闲晃，并和当地的狗打招呼。它跟大家说："嗨，你们好啊！我来自湖南，我是跟着我的主人来这儿的，不知道这里有什么好玩的呢？请多多照顾哦！"

其他的狗也都客气地和它打招呼。不过，就在大伙儿一起玩的时候，天空的云突然散开了一些，太阳露了一丁点儿出来。

蜀地的狗儿们不知道怎么了，到处狂奔，并对着天上的太阳狂吠。阿黄问它们说："嗨，你们到底在吠什么？"

蜀地的狗儿说："你看，天上有个奇怪的、亮亮的东西跑出来了，那到底是什么怪物啊！我们要把它赶走。"

阿黄很惊讶地喃喃自语："那不就是太阳吗？难道它们都没见过太阳吗？"

原来，蜀地总是阴天，太阳难得露脸，所以狗儿们会少见多怪地对着太阳狂吠了。

到底是九大行星，还是八大行星

冥王星身上的可爱心形斑块。

太阳系有几颗行星呢？你应该知道是八大行星，但有些大人会说有九大行星，因为以前的课本就是这么写的。

不过，对于天文学有点兴趣的人应该都知道，从2006年开始，太阳系的九大行星就减少为八大行星了，有一个行星被踢了出去，那就是在2015年最红的太阳系星球——冥王星。

2015年时，飞向冥王星的“新视野”号传回了迄今为止最清晰的冥王星照片。从照片上可以看到冥王星上有个可爱的心形图案，因此让它立刻红遍了全世界。

“新视野”号是在2006年1月19日发射的，发射时冥王星还是九大行星的成员。科学家在2006年8月24日召开的国际天文学联合大会上，正式将冥王星从九大行星中除名，从此太阳系就变成八大行星。为什么要把冥王星除名呢？

因为就行星的定义来说，绕着恒星转的天体都可以称为行星。不过，这些行星又可以按照它们的质量和体积分为大行星、矮行星和小行星。由于冥王星的大小比地球的卫星——月球还小，并且由于冥王星符合矮行星定义，即体积介于行星和小行星之间，形状近于圆球，围绕恒星运转，所在轨道上还可能有其他天体，同时不是卫星。所以冥王星就被降级为比大行星小一阶的矮行星了。

太阳系现在的八大行星。位于原九大行星最外圈的冥王星已经被降为矮行星。

科学教室

太阳系中有其他生命吗

在这个浩瀚的宇宙中还有别的生命吗？这个问题不只是许多科幻电影的题材，也是科学家所好奇的。不过，宇宙这么大，我们无法探索整个宇宙，所以科学家们在寻求这个问题的解答时，会从太阳系开始。

在探索外星生命的计划中，科学家将重点放在寻找液态水上，这是因为以孕育生命的环境条件来说，“溶剂”是不可或缺的物质。有了“溶剂”，不同的化学物质才能互相激荡，进而发展出有机物，甚至最原始的生命体来。而“水”

火星：

公元2012年8月6日，NASA发射出的“好奇”号降落到火星表面。在它满布天线和相机的机身下方，有一个小型的“自动分析实验室”，可以分析出由机械手臂搜集来的岩石或土壤样本的成分。不过，其实早在“好奇”号登陆火星之前，一架环火星轨道的卫星——“奥德塞”号，拍到了两组惊人的照片。照片显示火星南北两极积聚了大量的冰，也可以在火星的地表上，看到许多冰川流过的痕迹，“好奇”号才会被送上去做进一步的观察。

在火星上探勘的“好奇”号具有各式照相机和装置在身上的岩石实验室。

就是宇宙中很常见的一种溶剂。

截至目前，科学家已经发现太阳系中有4颗星体可能存在液态水，它们分别是火星、木卫二（木星的卫星）、木卫六、土卫二（土星的卫星）。我们一起来认识火星和木卫二吧。

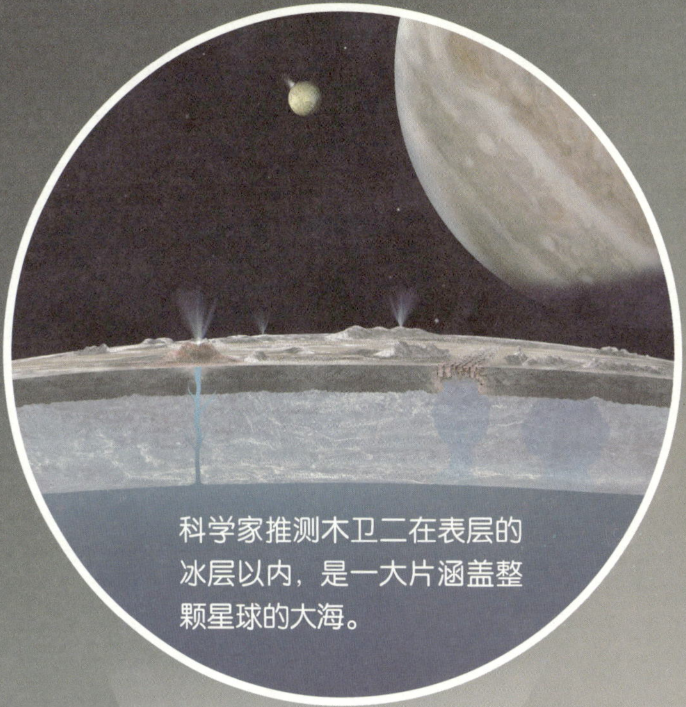
科学家推测木卫二在表层的冰层以内，是一大片涵盖整颗星球的大海。

木卫二：

2013年，由哈勃太空望远镜向木星的卫星——木卫二拍出来的照片显示，木卫二不只有水，而且可能是一大片海洋世界。因为从哈勃太空望远镜拍到的多组相片中显示，木卫二不时会向天空喷出高达200公里的水蒸气。科学家还推测，在木卫二表面冰层底下的水量，很有可能是地球的两倍。而且又以有地热的模式看来，木卫二大片的海洋应该有洋流。这些条件都证明了木卫二极有可能有生命。

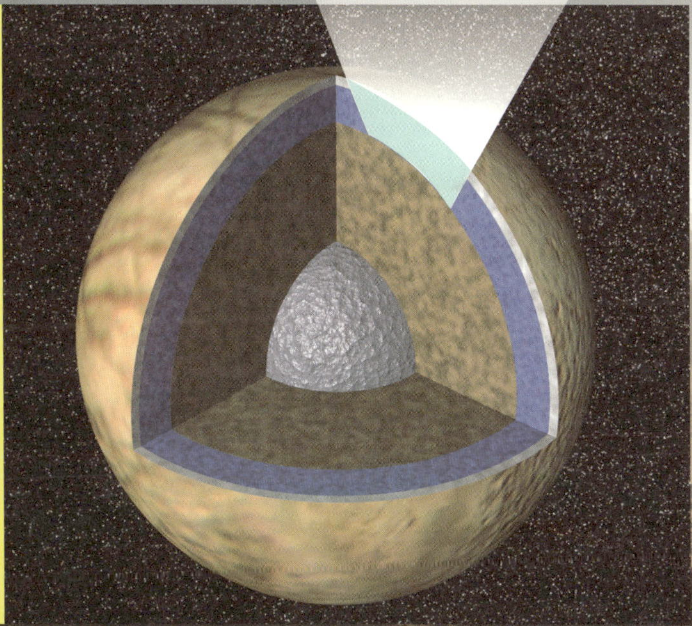

成语故事

玉兔东升

用法：表示月亮升起，指时间已经入夜，也借指时光流逝。

传说中，吴刚是天庭中掌管制药的神仙。有一次，吴刚私自到人间游玩，并把长生不老药送给凡人，玉皇大帝气得将吴刚赶回他原来居住的地方——月球，并惩罚他砍伐一棵“永远都砍不倒”的树。

吴刚被革职之后，玉皇大帝就派三位神仙到人间，寻找适合掌管制药的新人。三位神仙心想：“吴刚是人，所以才会想要跑到人间游玩，如果我们找个动物来掌管，就不会有这个问题了。”

于是，三位神仙化身成三位老人来到森林中，想要寻找具有爱心的小动物来当制药神。于是，三位老人躺在林地上大喊：“哎哟喂，好饿呀，我们快要饿死啦！”

三个人的声音引来了三只小动物前来察看，分别是猴子、狐狸和兔子，这三只小动物都很有爱心，分头去帮老人寻找食物。

不一会儿，猴子找来了水果，狐狸找来了木薯，只有兔子绕了森林一大圈也没找到食物。兔子看到老人们吃起了东西，因为自己没找到食物，所以感到非常愧疚，于是就跳到火堆里，想把自己煮成肉给老人吃。

兔子的行为让三位神仙和玉皇大帝都大为感动，玉皇大帝见兔子一身洁白，就叫它玉兔，并让它到月球上去制作仙药，成为天庭中的一员。

月球上面有没有水

NASA 让 2.2 吨的半人马座运载火箭用时速 9000 公里的速度撞击月球，观察到扬起来的尘埃中有水的存在。

地球上海洋的面积占了地球表面的 71%，所以从外太空看地球看到的是一颗美丽的蓝色水球。那么，离我们最近的星体——月球，上面有没有水呢？如果有的话，那我们是不是可以到那儿生活呢？

从表面看来，月球到处都是一片荒漠。又因为它没有大气层，所以表面被许多太空物质撞击得满目疮痍，实在无法想象地表有水的存在。而且，很长时间以来，各国太空总署在月球上寻找水源都是无功而返，所以大家都认为月球上没有水源。

不过，就在公元 1998 年，由美国国家航空航天局（NASA）发射的“月球探勘者”号却在月球的两极发现了水冰（由水凝结而成的冰），而且总量还十分庞大。为了取得更进一步的资料，NASA 在 2009 年又发射了承载着“月球坑观测卫星”的半人马座运载火箭。这艘火箭在运送观测卫星到月球南极不久之后，就往下坠落，撞击月球的南极。其目的是为了让月球扬起尘埃，继而用卫星搜集和传送这些尘埃的资讯到地球，再经由电脑分析月球尘埃中有什么物质。这一次的计划，更进一步确认了月球的南极有水，而且数量大约达到了 3 亿吨。

打造月球村

“一二三，牵着手，四五六，抬起头，七八九，我们私奔到月球。”这是流行歌中男女对唱的浪漫歌词。不过，这种浪漫在不久的将来可不只是幻想哦，它将会化为现实。

2017 年，欧洲航天局（ESA）和中国国家航天局协商规划，将在 2030 年送 10 名宇航员到月球居住。在这期间，宇航员将利用 3D 打印的技术，采用月球当地的土壤为材料，在月球上建立一个含有学校、市政厅、餐厅、教堂的小村落。而这个计划还进一步设想，在 2040 年住进月球村的宇航员将达到 100 人，在 2050 年达到千人。

ESA 和中国国家航天局之所以敢大胆地提出这个计划，是因为在月球的南极发现有厚厚的一层水冰。因此，地球村的居民只要将这层冰加热，就可以获得水源。而如果进一步对这些水电解，就可以获得氧气和氢气。氧气可供人们呼吸使用，而氢气则可作为生活中的能量使用，还可以当作往返地球

的火箭燃料。

虽然早在20世纪60年代，NASA就已提出过建立月球基地的设想，但从21世纪初以来，受到多种因素影响，美国在太空探索方面显得越来越缺乏野心。2015年，新任的ESA局长约翰·沃尔纳继续提出了这个设想。将来的月球村除了是一项试验，也可以取代将在2024年退休的国际太空站的功能，如架射宇宙望远镜或进行太空实验等。此外，由于月球村这个平台比太空站大得多，它还可以当作国际宇宙中的火箭发射平台，并且结合太空旅游业等多项功能。

“月球村”不仅仅是一项巨大工程，它将是太空产业和机器人产业的一大革新。未来，这个小村庄将由各地的宇航员和机器人组成，他们将通过卫星和地球上的人们保持联系，成为人类进一步探索宇宙的前沿阵地。

日月无光

用法：天地昏暗，比喻政治黑暗，景象凄惨。

三目二郎神杨戬是天庭中最骁勇善战的战将。不过，他这么勇猛可不都是自己的功劳，他身边的天狗也厥功至伟。

不过，虽然这只天狗什么都好，既服从又勇敢，但是却有一个非常不好的习惯，那就是——它动不动就想要吞掉圆圆的东西。而天空中的太阳和月亮那么圆，又那么大，一直吸引着天狗，因此，杨戬为了避免它去吞下太阳或月亮，平常都会将它拴起来。

这天，天狗偷偷从杨戬身上取走钥匙，趁杨戬不注意，它就将自己的链子打开，并且去做它最想做的事——吞掉太阳或月亮。由于天狗的速度非常快，三两下就追上了太阳，并把它吞到了肚子里。人间失去了太阳，顿时陷入了一片黑暗，大家都很惶恐不安，太阳到底到哪儿去啦？

别人可能不知道真相，但是杨戬知道。他立即跑到天狗的住所，要求它把太阳还回天上。顽皮归顽皮，天狗还是很听主人的话，乖乖地把太阳吐了出来，不过，它还是时常想着要再吞掉太阳或月亮呢！

日食和月食多久发生一次呢

当太阳、月球和地球成一直线时，太阳照射到地球的光线会被月球阻挡，从地球看去，太阳就像是被巨大的黑影遮去，这就是日食。由于太阳的直径比月球大 400 倍，月球并不是每次都能把太阳完全遮住，因而有日偏食、日环食和日全食三种现象。日偏食是太阳只有一部分被挡住；日环食是月球无法挡住整个太阳，只挡在太阳的正中间，而让太阳变成一个环状；而当月球离地球较近时，才有可能将太阳完全遮住，这种现象就被称为日全食。最近的一次日全食发生在 2017 年 8 月 21 日，但由于在地球上不同角度看到的日食程度不同，这一次只能在美国看到日全食。下一次的日全食会发生在 2019 年 7 月 2 日，而且只有在美国南卡罗来纳州才能看到呢！

虽然根据科学家计算，每 18 个月地球某些地方就可以看到日全食，不过，如果要在同一个地方看见 2 次日全食，大约要间隔 370 年。

除了日食，天空中还有月食的现象，月食就是地球移动到太阳和月球中间，月球被地球挡住来自太阳的光芒，因而在地球上就会看到月亮会变暗。月食的发生频率比日食稍高，大约每半年就会发生一次，所以地球上一年大约可以看到两次月食，不过这指的是在不同的地方观测的结果。

扫一扫，看视频

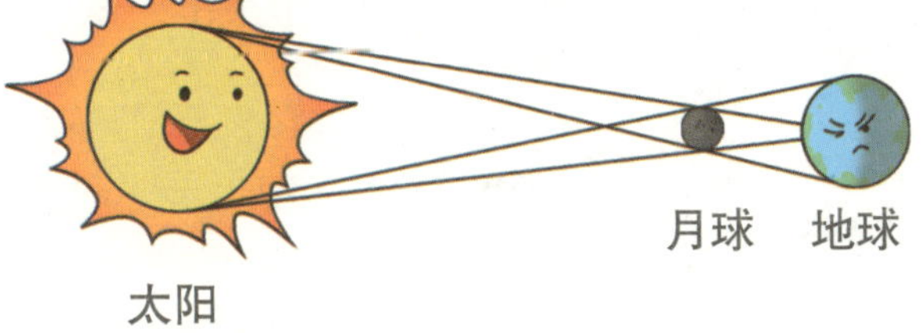

当月球公转到太阳和地球中间，就会发生日食。

地球运行到太阳和月球中间时，月球无法反射太阳光，就形成月食。

寻找系外行星——聪明的凌日法

日食和月食分别是太阳被月球的影子挡住和月球被地球的影子挡住，不过，这个看起来很普通的天文现象，却被天文学家应用来寻找“系外行星”哦！你知道天文学家是怎么做的吗？

在宇宙众多的恒星当中，我们的太阳只是其中的一颗。恒星本身会发光，并且有许多行星绕着它转，我们居住的地球就是一颗行星。在宇宙探索中，有一个很重要的目的，就是要寻找“外星殖民”的地点，所以天文学家就想寻找，在太阳系外是否也有一颗或多颗行星，它的结构、大小，甚至是水文、空气都和地球差不多。这种太阳系外的行星，称为“系外行星”，“系”指的是太阳系。

不过，行星不会自行发光，所以在黑漆漆的宇宙中，天文学家根本侦测不到它们的位置。但是聪明的天文学家，还是从日食和月食的现象中，想出了解决方法，那就是“凌日法”。

凌日法指的是当系外行星运行经过它的“太阳”前方时，它会挡住那个“太阳”光，而在上面显现出一个小点。天文学家就是用这个方法发现系外行星的存在，并且持续追踪它。

NASA 在 2009 年启动了一个“开普勒——寻找类地行星计划”。类地行星代表的就是“类似地球的行星”。这个计划是从发射一个具超高感亮度的太空望远镜——开普勒望远镜开始的。开普勒望远镜已经发现 2085 颗太阳系以外的行星了，而其中有1/5是在“适居带”中。也就是温度适中，且极有可能有液态水

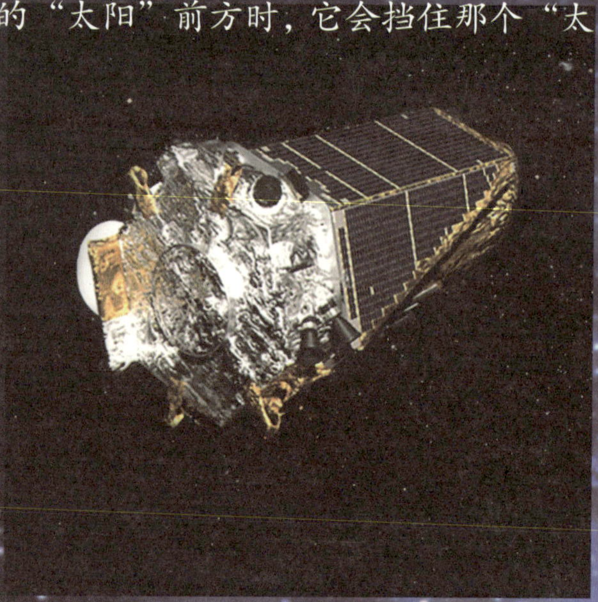

当行星环绕过恒星时，会造成那颗恒星局部的亮度瞬间下降。开普勒望远镜就是利用这种方法发现太阳系外的行星的。

存在的区域。

另外，值得一提的是，NASA 在 2017 年初还公布有一颗距离地球约 40 光年的恒星 TRAPPIST−1，其周遭围绕着 7 颗类地行星，而其中有 3 颗位于适居带内。因此，这 3 颗类地行星是目前科学家认为最可能有类似人类生物，以及适合我们移居的星球。

TRAPPIST−1 星系周边环绕了 7 颗类地行星，其中有 3 颗位于温度适中的适居带里（绿色区块）。

成语故事

动如参商

用法： 参星和商星两颗星不会同时在天空出现，当参星升起时，商星就落下了；当商星升起时，参星就落下了。后来用来比喻永不能相见。

传说中，上古帝王之一的帝喾有两个儿子，一个叫阏伯，一个叫实沈。两个儿子虽然都很有能力，却看彼此不顺眼。原本帝喾想把他们留在当时的都城——亳（今河南偃师），一起治理国政，但无奈两人不仅常常恶言相向，甚至还大动干戈，打得头破血流。

帝喾眼看将两个儿子都留在都城是不可能的事情，又怕只将一个儿子发配边疆，会有偏袒之嫌。于是，他就想到了一个主意，那就是将阏伯派到最东边的地方——商丘（今河南商丘市），将实沈派到当时国土的最西边大夏（今陕西）。

两兄弟由于相隔了十万八千里，没有打架的机会。而且，从那之后，他们再也没见过面了。

阏伯死后被称为商星，实沈死后被称为参星。在星宿中，一个落下，另一个才会升起，永远不会同在空中出现。

星座和天上的星星有什么关系？

星座，就是天空中星星的集合体。古代人将天上相邻近的星星，按照人们所能想象得到的人物、动物、日常用品等，替这些星星命名，便形成了一个个星座。只是，同一个星座中的星星彼此间不见得有太大的关系，它们之间的距离可能隔了十万八千里，只是因为从地球看去在同一个方向上，才会觉得它们好像"靠得很近"。

不论是中国还是西方都有星座的概念，中国大略将天空的星星分成四个区域，分别是东方的青龙、西方的白虎、南方的朱雀和北方的玄武，而其中每一个区域中的星星，又按照它们连接出来的形状分成不同星座，如孔雀、火鸟、海山、日兔等。

目前全世界公认的 88 个星座是以西方星座的体系为主，包含了我们耳熟能详的生日 12 星座。12 星座之所以可以选来当作生日的代表，是因为它们分布在天空中太阳行进的轨迹上。而这条轨迹又叫作"黄道"，所以生日 12 星座又称为"黄道 12 星座"。

人类很早就观察到星星的位置关系是固定的，所以把星星分组命名，这就是星座。

荒野求生记——铁丝、植物、星星

时下很热门的户外活动——露营，大多是在有人管理、照料的专门营地。但也有人想要来场探险，选择人烟较少的山林，一不小心就迷失在没有标记的森林小径或复杂地形中，茫然打转也不自知。所以，在荒野中求生时，最重要的就是方向感，我们可以选择往一个特定的方向直走，避免自己一直在原地打转。不过，如果在荒野中，刚好手边没有指南针，手机也没有信号，我们该如何辨别方位呢？

看太阳的方向是一个很好的辨别方式，不过，太阳会随着时间而改变位置，而让我们无法一直用它来辨别同一个方向。下面，还有几个方法是专业的荒野求生专家使用的，一起来瞧瞧吧！

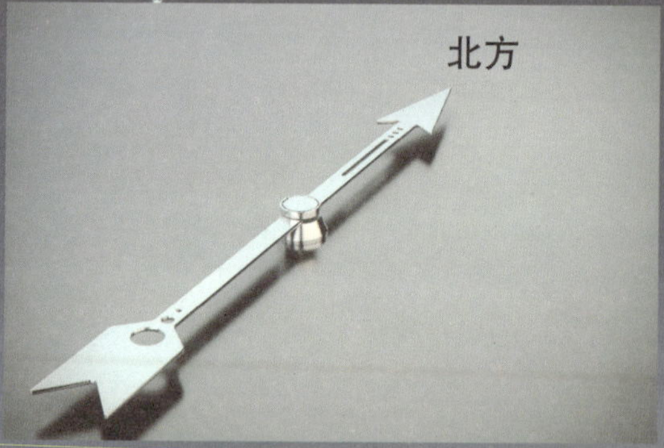

铁丝：

在野外迷路时，可以拿铁丝、针或极轻的金属片，沿着同一个方向和布相互摩擦，就会产生磁性，利用一个支点将它支撑起来或悬挂起来，就可以指示南北极。只是它的磁性不会很强，隔一段时间之后，就需要重新摩擦，来增加它的磁性。

植物：

由于植物在向阳面会长得比较好，而太阳的轨迹又是偏南边，所以同一株植物中，长得比较茂盛的那边就是南边。相反的，由于苔藓类植物不喜欢阳光直射，所以如果有裸露在石头上的苔藓，那长得较多的那一边，一定是北边。

星星：

在春天和夏天的夜晚，可以用当时天空中容易看到的北斗七星来辨别方向。我们只要将北斗七星斗杓的前两颗星连起来，再往前延伸五倍的距离，即是北极星的位置，而北极星就在我们的正北方；在秋天和冬天时，我们可以用仙后座来寻找北极星。仙后座的外观呈现 W 形，我们只要将 W 的两个斜边向后延伸得到一个相交点，再将这个相交点连向 W 中间的那颗星。接着，再用这个线段向前延伸五倍，一样可以得到北极星的位置。

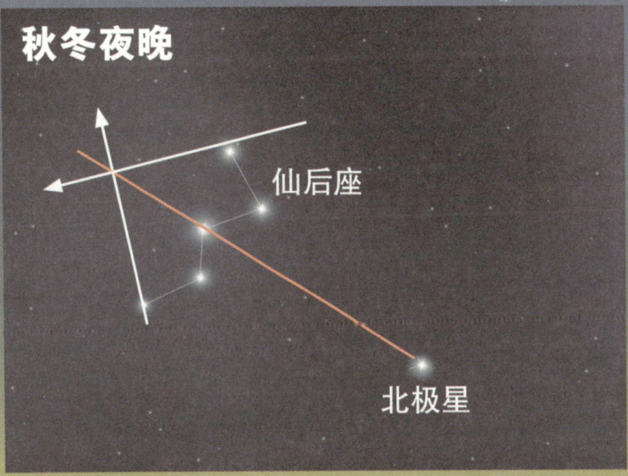

秋冬时可以用仙后座来寻找北极星。北极星的方向就是正北方。

物换星移

成语故事

用法：形容时序世事的变迁。

传说中，太阳和月亮是一对夫妻，他们生了许多孩子，就是天上的小星星。不过，太阳爸爸的脾气非常暴躁凶残，更恐怖的是，他还有一个可怕的习性，他会把他的孩子吃掉。

因为有这么一个太阳爸爸，星星们都很害怕，常常躲他躲得远远的。好在月亮妈妈是个很慈祥的母亲，每逢晴朗的夜晚，她就会带着星星们出来散步，才让他们有一丝喘息的空间。

一天清晨，太阳爸爸又想吃星星了，月亮妈妈上前保护小星星，说：“求求你不要再吃自己的孩子了。”

太阳爸爸非但不听劝，还大声咆哮说：“我就是要吃，孩子生出来正好给我当大餐！反正他们是逃不掉的！”

月亮妈妈听了非常伤心，就带着孩子们远远地逃离太阳。因此，我们只有在太阳没出现时，才会看到月亮和星星出现。太阳一出来，一切景物都改变了，星星也逃跑了。现在的人就用“物换星移”来形容人事或景物的变化很大。

漂亮又好玩的星轨

由于地球是由西向东转的，所以天上的星星也和太阳一样，会从东边升起，西边落下。摄影师会将照相机固定朝向北极星的方向，持续地拍摄星空，而这些星星在长时间的拍摄下，就会显现它们运行的轨迹。当摄影师将这些照片重复叠在一起时，就显现出一圈一圈星星移动的轨迹，这个轨迹就叫作“星轨”。

由于地球的轴心指向北极星，所以北极星看起来就像静止不动。而其他的星星会以逆时针的方式绕着它动。

如果你想要拍摄星轨，首先得找到一个低光害（或无光害）的地方，用三脚架把照相机架好，对准不会动的北极星（北极星的寻找方法请参考本书 42 页）。因为是拍摄亮度较低的星星，所以要将相机的光圈放到最大，让更多的光进来。最后，用定时器让照相机每隔一段固定的时间就拍一张照片，并让这些照片叠加在一起，这样就能看出美丽的星轨了。

拍摄星轨时要将照相机朝向北极星的方向，并且用重复曝光的方式，将不同张照片叠在同一张照片上。

至于要拍摄多久呢？这得看你想要多长的星轨。当地球绕了一圈后，这些星星的星轨就会成为一个圆，只是这一个圆的另一半在地平线以下，无法拍摄到。用一样的比例推算，如果我们照了 1 个小时，那就可以照到 1/24 个圆的星轨。

科学教室

如何观测星星

你住的地方抬头看得见星空吗？有机会去找一个空旷、低光害的地方，看看天上的星星，你能不能认出星座来呢？其实，以一些简单的工具在城市也可以认出一些星座，而如果到了野外，能看到和认识的星座就更多了。下面，我们就来瞧瞧观星有哪些技巧，以及在不同季节中有哪些不同的星座吧！

观测星星最重要的技巧和要注意的事有以下四点：

1. 观测星星的天气：如果用一般的望远镜观察星星，要找晴朗的夜空。一般对专业天文观测而言，冬天由于各种气候因素，最适合观星。但对于公众而言，冬天太冷，而且夏季北半球能看到银河，星星也较多，更适合观星。当然，虽然夏天天空中的星星较多，但是冬天天空有较多的亮星。

2. 观测星星的地点：3000 米以上的高山是较好的观星地点。不过，如果无法到这么高的山上，也要尽可能地远离光害。

3. 观测星星的时间：古人早就发现了“月明星稀”这个现象，又圆又亮的月

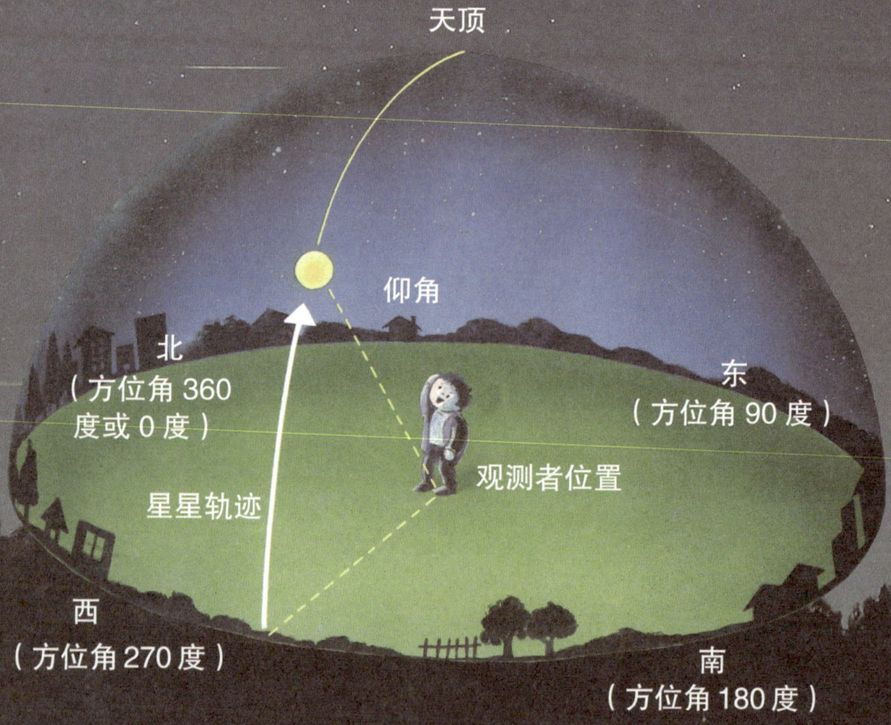

在我们观测星星时，可以利用方位角和仰角来表示出这颗星星的位置。如图中这颗星星的位置在方位角 315 度、仰角 60 度。

亮就像一盏探照灯一样，周围的星星会显得暗淡，所以尽量不要选择满月前后观星，农历的月初和月末是最好的观星时间。

4. 观测星星的工具：观星要准备望远镜（可以让我们看到更多星星）、指南针、星座盘（可以买纸制的简易星座盘，也可以用手机星座盘 APP）、御寒衣物。

在不同的季节中都有不同的星星，我们只要将星盘对着星空，对准南北极，再将星盘转到当时的时间，就可以对比找出天上特定的星星。我们还可以进一步将这些星星连起来，就可以连成许多星座。四季的星空各有不同的美，赶快拿起你的工具，一起到户外来看星星吧！

夏季星空

在夏天时，最明显的就是由牛郎星、织女星、天津四构成的夏季大三角。其中，牛郎星和织女星在银河的两侧，天津四可以连接出天鹅座，牛郎星可以连接出天鹰座。

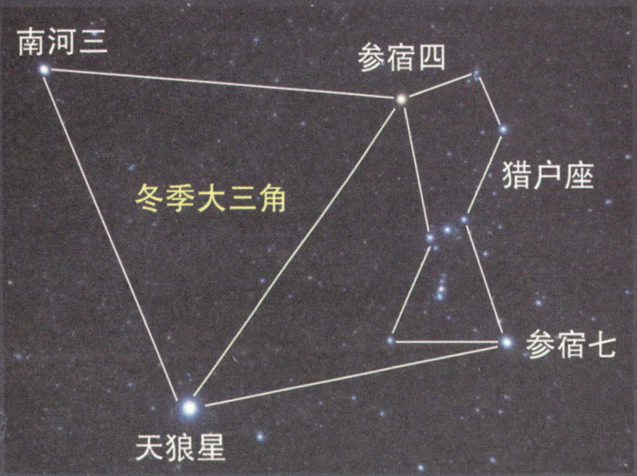

冬季星空

在冬天时，天空中最明显的是冬季大三角，以及猎户座的腰带（由三颗连着的亮星组成）。

银河倒泻

用法：像银河里的水从天上倒泻下来。形容瀑布或下暴雨时的情景。

李白自从25岁离开故乡四川之后，他奔放不羁的诗风立刻风靡全国。他还应皇帝之邀到京城当官。不过，到了京城，李白才知道官职是翰林学士（在宫廷里面作诗的职位），与改革国家完全无关。在灰心之际，李白游历了附近的名刹古迹。

一天，李白在路上看到军队押解着一辆死囚车。死囚车里的犯人相貌堂堂，李白便问带队的军官说："他是谁？犯了什么罪？"带队军官知道问话的人是李白，便回答："这个人叫郭子仪，他说要用火攻击敌人，却没算准风向，烧到我们自己的粮食。"李白为他开脱说："他也是出于为国效命的好心，你们就放了他吧！"后来，郭子仪被释放了，为唐朝平定了安史之乱。

不过，李白本身的际遇就不像郭子仪。在安史之乱时，他投靠的将军被控告叛国，李白也因此被流放边疆。在李白路过庐山时，看到庐山的瀑布产生无限感慨，甚至有修仙成道之意，他看着瀑布吟咏："……银河倒挂三石梁。"后人就用银河倒泻来形容澎湃而下的瀑布或大雨。

科学教室

在天气晴朗的时候可以看到整个银河，它的样子就像是一个中间较凸出的圆盘。

什么是银河

银河是指横跨星空的一条乳白色亮带，在古希腊称为“乳之路”，在中国古代称为天河、银汉、星河。我们知道银河是由许多星星组成的，因为星星的数量实在太多了，因此形成了整道乳白色的亮带。不过，这个想法事实上是在1609年伽利略发明了望远镜望向银河之后才逐渐建立的，在此之前，人们认为银河是天上的云气。

以现代的宇宙知识，我们不仅知道了银河是由很多星星构成的区域，还知道了银河的形状像是一个中间较厚的圆盘状物体，而在圆盘的正中心，就是银河的核心。

此外，借由太空望远镜的帮助，我们知道太阳系也位于这个银河里，只是因为我们正好在银河的边界，所以才可以看到如圆盘状的银河。根据科学家估计，太阳系距离银河的核心为26000光年（也就是光跑26000年的距离），26000光年有多远呢？以太阳系的整个直径来说，大约只有0.003光年的距离，由此就可以看出银河系有多大了。

太阳系位于银河系的边陲，距离银河中心大约26000光年。

伽利略是近代科学的奠基者，也是用望远镜观测天文的始祖。由于伽利略是意大利人，意大利政府还替他发行了邮票。邮票中右边即为伽利略当时使用的望远镜。

仙女座星系是距离银河系最近的星系，它距离地球约 250 万光年。

银河系外面有什么

自从 1610 年伽利略用望远镜解析出银河是由一颗颗星星组成的以后，有好长的一段时间，人们都相信银河就是整个宇宙，并且称这个银河为银河系。目前已知银河系的直径大约在 10 万～18 万光年之间，其中包含了 1000 亿～4000 亿颗恒星，我们身边的太阳只是其中之一。

关于“银河系是不是整个宇宙”这个问题，在 1920 年时，有两派科学家在美国举行世纪大辩论。他们辩论的重点是：“我们用望远镜可以看到的仙女座星系到底是属于银河系的一部分，还是位于银河系外的独立星系？”当时，一派科学家认为仙女座星团只是银河系中的一部分，另一派则认为它是独立存在的星系。虽然这个辩论在当下没有结论，不过，随后在爱德文·哈勃的研究之下，确认了仙女座星系是独立于银河系外的星系，而且它其中所包含的恒星远比银河系还多。仙女座星系里包含了超过 1 兆个恒星。

当时，哈勃是利用星系间的多普勒效应来证明的。多普勒效应是由天文学家多普勒在 1842 年发现的波动频率改变现象。譬如，当一辆消防车向你开过来时，由于消防车离你越来越近，所以它会压缩它本身产生出来的声波，而让声波频率变快，因此听起来会越来越高亢；相反地，当它远离你时，声音就会越来越低。星际间的多普勒效应也是类似的原理，只是利用光波而不是声波。由于整个星系会一起旋转，因此不同恒星之间的距离就比例上来说不会有太大的改变，但是哈勃发现仙女座星系里的恒星和银河系里的恒星有越来越靠近的现象，因此确认了它不是属于银河系的一部分。

爱德文·哈勃在天文学上有卓越的贡献，被后来的人称为“星系天文学之父”，架设在地球轨道上的哈勃太空望远镜也是以他名字命名的。

后来，伴随着太空望远镜的发展，天文学家可以看到越来越多宇宙间不同的星团。“哈勃极深空”是哈勃太空望远镜照到的宇宙模样，科学家根据这些资料估计，宇宙间的星系超过了 1000 亿个。

“哈勃极深空”是哈勃太空望远镜在 2012 年拍下的照片。由于宇宙中的其他星系离我们非常遥远，所以光线非常微弱，这张照片是哈勃太空望远镜连续曝光 23 天拍下来的。从照片中可以看到，宇宙间有许多不同星系，而且形状也都不尽相同。

成语故事

以管窥天

用法：比喻见闻狭隘，看问题片面。

从前，有一个国君叫作管天。他治理国家很勤奋，只是见识浅薄，刚愎自用。日复一日处理国家公文的生活让管天很疲惫也渐渐感到不耐烦，于是他召集大臣来想想办法。有位臣子说：“大王，您可以再找一些大臣来，帮您分忧解劳。臣认识几个有才干的人，斗胆将他们推荐给大王。”

管天听了觉得很有道理，但又不想听大臣们推荐的人选，打算关起门来自己想。

“李妃的爸爸？不行，太老了。”“张妃的弟弟？不行，太莽撞。”“郑丞相的弟弟？”“汤亲王的儿子？”……

几天下来，他想了好多人选，却都没有一个人适合。

这天夜里，他看到弄臣乌孤拿着一支管子在看天空，他问乌孤在做什么。乌孤回答：“大王，臣在用这个管子看天上的繁星。”

管天笑骂道：“天上的星星这么多，只用一支小管子怎么能看到全貌呢？”

乌孤立即回答道：“如果臣无法用一支管子看到整片天空的星星，那么大王又怎么能只从皇亲国戚中挑选到好的人才呢？”

为什么要将望远镜架设在太空中

我们之所以能够观察周围的世界，是因为我们的眼睛可以看到可见光，它是光谱线中的一个小区域，但其实还有更多波段的光芒是我们的眼睛看不到的，包含了电磁辐射线。

电磁辐射线从太空中射向地球时，会被地球大气层中的一些气体（有水蒸气、二氧化碳和臭氧等）反射和吸收，如果我们只单纯地在地球上用望远镜观测宇宙，就看不到宇宙的完整面貌。此外，除了避免受到大气层影响，将望远镜架设在外太空还有避免地球光害、不易发霉故障等优点（外太空中几乎是真空的，所以不会发霉）。

科学家会利用火箭将望远镜载送到地球周边的轨道，再将其投放在那儿，让望远镜像人造卫星一样绕着地球转，并且依照望远镜不同的目的，“望”向宇宙中不同的方向。

比较知名的太空望远镜有观察可见光、紫外光和近红外光的哈勃太空望远镜，还有观察红外光的斯必泽太空望远镜，以及观察太阳的SOHO太阳轨道望远镜。

斯必泽太空望远镜

斯必泽太空望远镜可以观测红外光。由于红外光在宇宙中可以传递较远，不被宇宙中的尘埃挡住，所以可以让我们看到宇宙中较远的地方。

SOHO 太阳轨道望远镜

是一架专门观察太阳的望远镜，它24小时观测着与我们最接近的恒星——太阳。

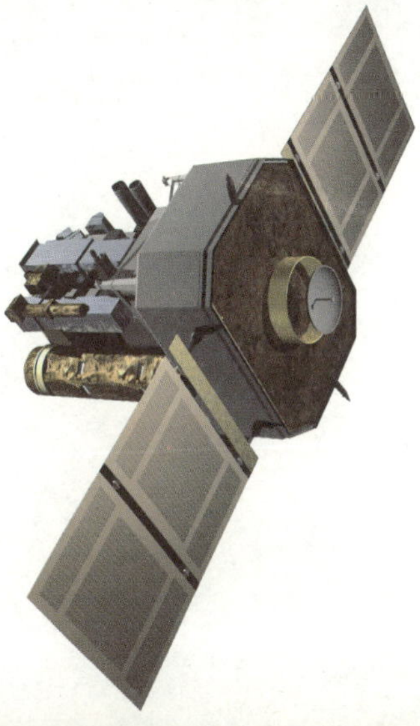

退休倒计时——了不起的哈勃太空望远镜

哈勃太空望远镜在1990年4月24日被发射到低地轨道上，至今已经服务超过25年了，负责管理和维修哈勃太空望远镜的NASA和ESA已经宣布，哈勃太空望远镜将在2020年退休。哈勃太空望远镜可以说是目前天文学上最重要的太空望远镜，它不但替我们拍下了许多不可思议的太空景观，还大大地扩展了我们的宇宙知识。下面，我们就来看看哈勃太空望远镜最重要的三大贡献。

1. 发现宇宙加速膨胀

科学家已经从宇宙星体的“红移”现象，推导出“宇宙正在膨胀”这个事实（红移现象是由于宇宙星体往外飞去，而造成星光颜色改变的现象）。哈勃太空望远镜不但让科学家直接目睹了宇宙膨胀的现象，还提出了另一个新问题——宇宙正在加速膨胀。目前科学家对宇宙加速膨胀的机制不太清楚，有些科学家提出了“暗物质”的观点，认为我们看不见的“暗物质”造成了这个加速的现象。

扫一扫，看视频

2. 目睹恒星的生与死

哈勃太空望远镜拍摄到在宇宙中有巨大星云的存在，这种星云内含有难以计量的尘埃和宇宙碎屑，一旦这些尘埃聚合在一起，就有可能形成一颗新的恒星。在这类星团的众多照片中，最有名的是鹰状星云的画面，这个星团被称为是星星诞生之地，鹰状星云也被称为“创生之柱”。近来科学家发现，在这些巨大星团中，也发生了许多恒星被拉扯、瓦解的现象。

鹰状星云是哈勃太空望远镜拍摄过最著名的影像之一。鹰状星云包含了几个活跃的恒星形成区、气体和尘埃区，由于许多恒星从这边被生成出来，因此被称为“创生之柱”。

3. 黑洞的存在

由哈勃太空望远镜提供的高解析光谱和影像，很明确地证实了黑洞存在于星系核中。在 20 世纪 60 年代初期，黑洞会在某些星系的核心被发现还只是一种假说，在 20 世纪 80 年代才鉴定出一些星系核心可能是黑洞候选者。哈勃使得“星系的核心是黑洞”成为一种普遍的认知。

黑洞是根据爱因斯坦的相对论所推论出的“在宇宙中存在的一种质量相当大的天体”。由于它的质量很大，所以会产生巨大的引力，任何光线进去后，都无法再出来。不过，由于黑洞是完全无光的，我们无法直接观察到它，只能用一些证据证明它的存在。照片中的黑洞是画家笔下想象的画面。

万户飞天

用法：比喻荒诞不可能成功的事情。

“万户”是明朝时一个非正式的官职，它指的是那些对国家有贡献却没有分封官职，只有俸禄的人。由于万户的俸禄是这些人中最高的，所以称为“万户”，它底下还有千户、百户。

明朝初期时，有位叫作陶成道的人，他出生于元朝末年，是一个修炼丹药的人。在一次意外中，他在丹炉里面加入的东西引发了一场大爆炸，而后他就“转行”为制造火药的人。后来陶成道用这些火药制造出了火药武器，还帮助明太祖朱元璋打天下，因而被封为“万户”。

不过，得到高额俸禄的陶成道并没有过着养尊处优的生活，他反而开始了他的另外一项实验，那就是——利用火箭将人送上天空。这天，他在一张大大的椅子旁架设好 47 支由他精心制造的火箭，并且拿着一对大风筝，到空旷的地方准备“试飞”。他对他的仆人说：“只要你们同时点燃这些火箭，我就可以飞向天空。然后我再用这对大风筝当作翅膀，慢慢地滑翔下来，就可以稳稳地着陆了。”

不过，很不幸的是，陶成道的仆人将火箭全部点燃后，仅仅飞行了一下，就发生了爆炸，于是他就在空中被炸死了。

科学教室

火箭是谁发明的

戈达德是第一个用液态燃料制造出火箭的科学家。一般来说，他被认为是人类史上第一个建造出现代火箭的科学家。

凡是利用火药燃烧时产生的冲力将物体送上天空的装置，都可以称为“火箭”。不过，古老的火箭却只能飞行几米，而且大多是用来当作武器攻击敌人用的，和今日我们熟知的火箭完全不同。

近代火箭的研发一直到了20世纪才开始。在1903年，俄国科学家康斯坦丁·齐奥尔科夫斯基发表了一篇论文，叫作“利用喷气工具研究宇宙空间”，描述了将火箭送到外太空，并且利用反作用力飞行的可能性。这是人类历史上一个讨论到宇宙飞行器的严谨论文，因此齐奥尔科夫斯基也被称为“宇宙航行之父”。

不过，当时齐奥尔科夫斯基并未制造出实体火箭来，一切的概念都只是理论而已。后来，在1926年，美国的罗伯特·戈达德用齐奥尔科夫斯基的宇宙飞行理论，并且利用液态燃料取代当时常用的固态燃料，创造出了现代火箭的雏形。

戈达德的研究被德国军方注意到，并且用这种概念的火箭制造出了飞弹，取名为V2火箭。当时V2完全是为了战争而发明，不过，它的成功也大大地推进了火箭的研究。

沃纳·冯·布朗是V2火箭的设计师。在二战德国战败之后，美国将他俘虏，后来替美国主持设计了阿波罗计划的运载火箭——土星5号。

不简单的宇航员

火箭将宇航员送上外太空之后，由于太空中没有重力，任何东西都会飘来飘去的。这样的状况使一些看似容易的事情，如吃东西、上厕所、睡觉等，对宇航员来说都是艰难的任务。你想想看，如果宇航员不小心流了鼻涕，这些鼻涕会像我们牵着的气球一样，轻飘飘地悬挂在他的鼻子上，那有多恐怖啊！我们就来看看现代的太空科技如何帮助这些宇航员克服难关吧！

吃东西

现代的太空食物大多装在密封的包装里，避免食物乱飘。此外，在一些较大型的航天飞机中，餐桌还具有磁性，好让吃饭时会用到的刀叉固定在桌上。

扫一扫，看视频

做运动

在长时间的太空任务中，宇航员也被强制要求做运动。因为在没有重力的情况下，肌肉张力降低，身体会越来越瘦弱。宇航员一天必须运动两个小时，让肌肉与骨骼的强度能够胜任极度累人的太空漫步任务，也可以确保回到地球时双脚还能站立。

上厕所

太空中的厕所用的并不是抽“水”马桶，而是抽“气”马桶。在太空中的马桶里一滴水也没有。宇航员在上厕所时，会先将自己固定好，让屁股和马桶的边缘完全密合，然后双手抓好把手，就可以上厕所了。太空马桶会用抽气的方式将宇航员的排泄物吸到真空袋里，最后经过压缩，再带回地面丢弃。

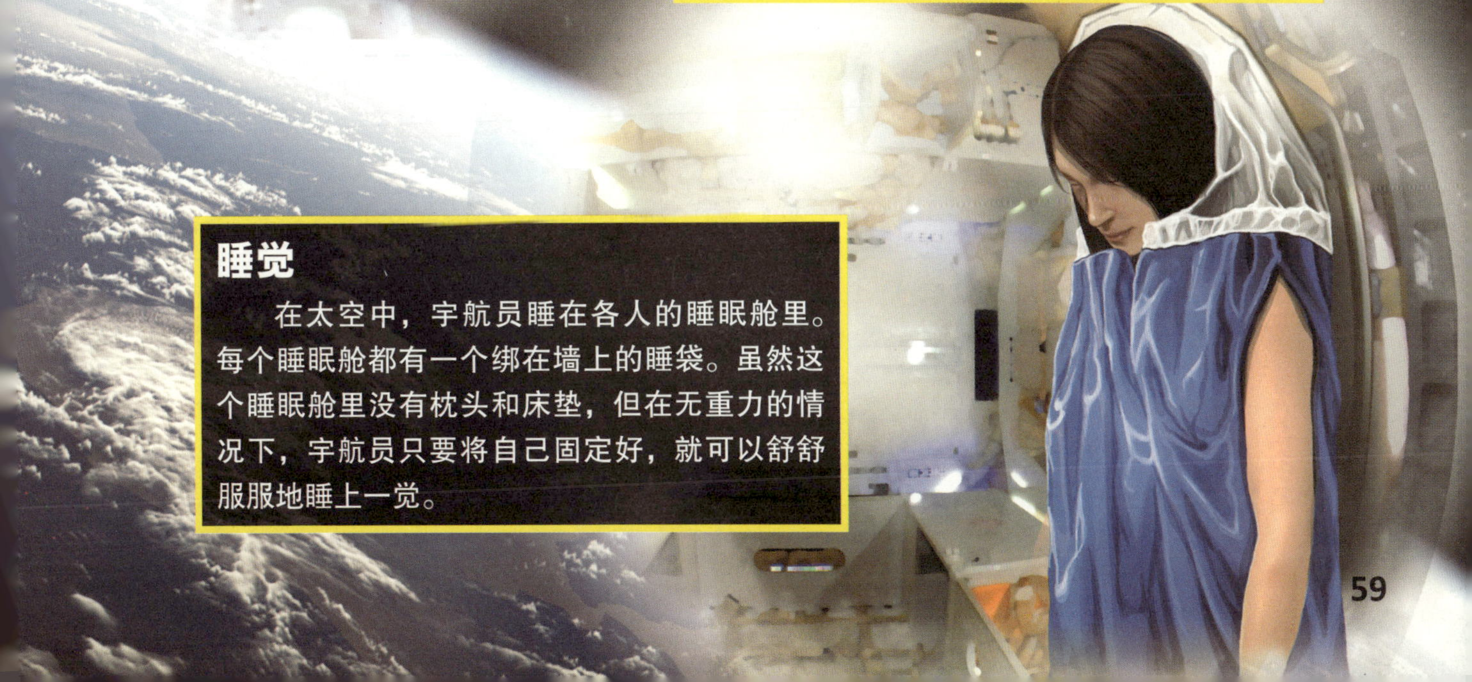

睡觉

在太空中，宇航员睡在各人的睡眠舱里。每个睡眠舱都有一个绑在墙上的睡袋。虽然这个睡眠舱里没有枕头和床垫，但在无重力的情况下，宇航员只要将自己固定好，就可以舒舒服服地睡上一觉。

空中楼阁

成语故事

用法：比喻脱离实际，幻想出来的言行或事物。

古时候，有一个蠢地主，他非常有钱，不过脑子却不太聪明。

一天，他到朋友盖的楼阁上参观。这个楼阁是用最先进的建筑工法，一共盖了五层。这个蠢地主跟着朋友爬到了第五层，映入他眼帘的是远处的小桥流水和熙来攘往的人群，因为从高处观看，所以一切都变得小小的。

蠢地主很惊讶地看着这样的景观，虽然一边和朋友聊天、喝茶，但心中却暗暗下决定：“我也要盖一个楼阁，而且就只要这个‘第五层’！”

回家后，蠢地主召集了工匠，要他们开始施工。工匠们很有效率地动了起来。第二天，蠢地主看到工匠们在挖地基，准备盖高楼时，他不解地问：“为什么你们要挖这个洞？”

工匠回答说：“要挖好地基，才能把房子一层一层盖上去啊！”

蠢地主一听，马上对工匠们破口大骂：“我不要地基，你们想要多赚我的钱是不是？我说过了，我只要第五层，我不要这个地基和下面四层！”

工匠们听了摇摇头，直说他们无能为力，然后就走了。

悬挂“高空”的空间站

空间站是运行在外太空的载人航天器，广义上为太空飞行器的一种，只是不一定会具备推进和着陆用的设备，却有适合人类长期居住的设计。

一般来说，空间站大约在地球上方300～400公里（低地轨道）处绕着地球运行。与人造卫星不同的是，它的体积通常大得多，结构也复杂许多。以和平号空间站为例，它包含了七个组成原件，分别是核心舱、量子1号舱、量子2号舱、晶体号、光谱号、对接舱和自然号。而如果以空间站的零组件来划分的话，它则包含了太空舱、太阳能电池板、机械臂（可用来帮助不同舱体对接）、桁架（空间站部分元件的支架，上面可以架设太阳能电池板阵列、散热器等设备）。

空间站可以作为宇航员在太空停留和工作的场所，并且提供地面实验设施所不能提供的低重力、宇宙空间环境等条件。所以整体而言，空间站主要是被用在各种科学研究，特别是研究长期滞留宇宙对人体的影响。目前人类全部的空间站都是建造在地球卫星轨道上的，为了对空间站进行人员和物资的补给和输送，需要其他太空飞行器运送物资上去。

和平号空间站构造图

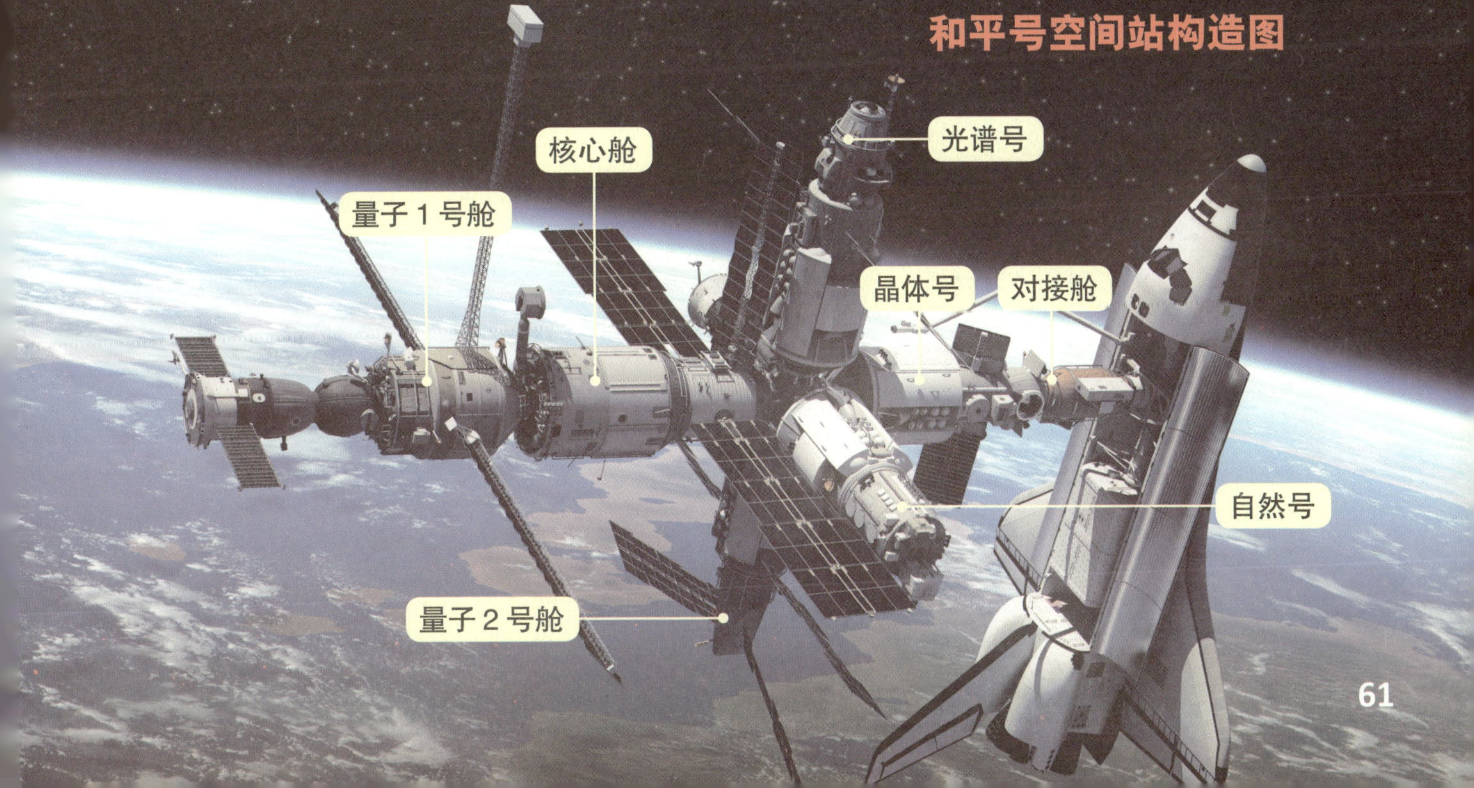

天哪！人造卫星有这么多

在天文学中，绕着“恒星”运转的星球称为“行星”，而绕着行星运转的星球称为“卫星”，月球就是地球的卫星。因此，由人类所设计制造，靠火箭或航天飞机送入太空中绕着地球（或其他行星）运行的飞行器，我们便称为“人造卫星”。这些人造卫星在天空中行使着不同的功能，如卫星导航、气象观测等。不过，你知道在我们的天空中到底有多少颗人造卫星吗？

2013年ESA统计，自1957年10月4日苏联发射世界上第一颗人造卫星以来，全球共发射了大约6600颗人造卫星，其中3600颗依然在太空中，只有大约1000颗有效运行，其余均已成为太空垃圾。

地球周围密密麻麻的都是人造卫星。由于它们有不同的运行轨道，所以距离地球的远近不同。

人造卫星是个非常庞大的家族，如果按照用途来区分，它可分为六大类。

资源卫星：这类人造卫星是用来探测地球表面自然资源的分布，美国在1972年所发射的地球资源卫星是此类卫星的开山始祖。时至今日，资源卫星的解析度已进步到地面上1平方米面积大小都能被资源卫星看见。

气象卫星：用来观测气象的卫星。

通信卫星：用来传达我们使用的电脑、手机、电视、广播信息的卫星。这类卫星大多是分布在地球上空36000公里的高空，采用“地球同步轨道运行”的运行方式。同步轨道是指这类卫星绕着地球公转的速度会和地球自转的速度相同，所以从地面看上去，它都固定在同一个地方。

间谍卫星：这种人造卫星是用来做军事上侦察军事机密的。此类卫星的特点是它们的地面解析力非常高，甚至地面上只有几米的物体都可以被拍摄到。不过此类卫星的飞行高度都很低，有的甚至低到约100公里，所以会受到地面大气的影响，这类卫星的寿命都比较短。

扫一扫，看视频

科学卫星：搭载着科学实验仪器的卫星。无论是侦测地球大气、岩层、海洋的仪器，或是观察外太空的太空望远镜，都称为科学卫星。

定位导航卫星：我们所使用的GPS（全球定位系统），或是军事上用的定位系统，都是使用这类卫星。

人造卫星绕着地球运行，并且依照不同的设计，有不同的功能。

小牛顿 科学与人文

成语中的科学（全6册）

中国源远流长的五千年文明，浓缩发展出了充满智慧的成语。在这些成语背后，其实有着与其息息相关的科学知识。本系列将之分为植物、动物、宇宙、物理、化学、地理、人体等多个领域。根据每则成语的出处背景或意义，编写出生动有趣的故事，搭配精细的图解，来说明成语背后所蕴含的科学原理，让孩子在阅读成语故事时，也能学习科学知识！

内容特色：

1. 涵盖植物、动物、宇宙、物理、化学、地理、人体等七大领域。
2. 用90个主题、180个细分科学知识点来讲解，近千幅全彩高清插图配合知识点丰富呈现，内容详实有深度。
3. 配以23个有趣的科学视频进行拓展，扫描二维码即可快捷观看，利用多媒体延伸阅读。
4. 将“科学”与“人文”相结合，将科学的触角伸入更多领域，使科学更生动、多元、发散。

全套6册精彩内容
90个成语
180个科学知识点
23个科学视频

版权登记号：01-2018-2120

图书在版编目（CIP）数据

盘古真的开辟了天地吗？：成语中的宇宙探险 / 小牛顿科学教育有限公司编著 .
—北京：现代出版社，2018.5（2021.5 重印）
（小牛顿科学与人文 . 成语中的科学）
ISBN 978-7-5143-6940-3

Ⅰ. ①盘… Ⅱ. ①小… Ⅲ. ①宇宙—少儿读物 Ⅳ. ① P159-49

中国版本图书馆 CIP 数据核字（2018）第 054259 号

盘古真的开辟了天地吗？
成语中的宇宙探险

作　　者 小牛顿科学教育有限公司
责任编辑 王　倩
封面设计 八　牛
出版发行 现代出版社
通信地址 北京市安定门外安华里 504 号
邮政编码 100011
电　　话 010-64267325　64245264（传真）
网　　址 www.1980xd.com
电子邮箱 xiandai@vip.sina.com
印　　刷 三河市同力彩印有限公司
开　　本 889mm × 1194mm　1/16
印　　张 4.25
版　　次 2018 年 5 月第 1 版　2021 年 5 月第 5 次印刷
书　　号 ISBN 978-7-5143-6940-3
定　　价 28.00 元
